无公害蔬菜病虫鉴别与治理丛书

主编 郑永利 李 倩 杨凤丽

芋薯类蔬菜及鲜食玉米病虫原色图谱

(第二版)

浙江科学技术出版社

版权所有　侵权必究

图书在版编目（CIP）数据

　　芋薯类蔬菜及鲜食玉米病虫原色图谱/郑永利，李倩，杨凤丽主编. —2版. —杭州：浙江科学技术出版社，2023.7
　　（无公害蔬菜病虫鉴别与治理丛书）
　　ISBN 978-7-5739-0766-0

　　Ⅰ.①芋… Ⅱ.①郑… ②李… ③杨… Ⅲ.①薯蓣类蔬菜—病虫害—图谱 ②玉米—病虫害—图谱 Ⅳ.①S436.32-64 ②S435.13-64

　　中国国家版本馆CIP数据核字（2023）第138206号

丛 书 名	无公害蔬菜病虫鉴别与治理丛书
书　　名	芋薯类蔬菜及鲜食玉米病虫原色图谱（第二版）
主　　编	郑永利　李　倩　杨凤丽
出版发行	浙江科学技术出版社 网址：www.zkpress.com 地址：杭州市体育场路347号 邮政编码：310006 销售部电话：0571-85176040 编辑部电话：0571-85152719 E-mail：zkpress@zkpress.com
排　　版	杭州万方图书有限公司
印　　刷	杭州捷派印务有限公司
经　　销	全国各地新华书店
开　　本	890×1240　1/32　　印　张　5.25
字　　数	135 000
版　　次	2023年7月第2版　　印　次　2023年7月第1次印刷
书　　号	ISBN 978-7-5739-0766-0　　定　价　30.00元

责任编辑　詹　喜	责任美编　金　晖
责任校对　张　宁	责任印务　吕　琰

"无公害蔬菜病虫鉴别与治理丛书"
编辑委员会

策　　划	E农公社创作室
顾　　问	陈学新
总 主 编	郑永利
副总主编	吴华新　姚士桐　王国荣
总 编 委	（按姓氏笔画排序）

王国荣　冯新军　朱金星　许方程　许燎原
李罕琼　李俊敏　吴永汉　吴华新　吴降星
汪炳良　汪恩国　陈桂华　周小军　郑永利
姚士桐　曹婷婷　章云斐　章初龙　董涛海
蒋学辉　童英富　谢以泽　詹　喜　鲍剑成

芋薯类蔬菜及鲜食玉米病虫原色图谱（第二版）
编著人员

主　　编	郑永利　李　倩　杨凤丽
副 主 编	沈群超　俞镇浩　许永超
编著人员	（按姓氏笔画排序）

许永超　孙肖雨　李　倩　李阿根　杨凤丽
沈群超　张关贤　范雪莲　周小军　郑永利
赵　梁　俞镇浩　高青梅　章彩飞　潘苏锋

普及植保技术，发展效益农业

程渭山 二〇〇三年春书

（程渭山：原浙江省农业厅厅长）

绿色植保
让农产品
更安全

为无公害蔬菜病虫害鉴别与治理丛书题

健东

（林健东：浙江省农业农村厅原厅长）

第二版说明

在浙江科学技术出版社的大力支持下，《芋薯类蔬菜及鲜食玉米病虫原色图谱》（第二版）即将出版发行。虽然称之为第二版，但无论是从技术内容看，还是从病虫图片看，这都是一本全新的芋薯类蔬菜及鲜食玉米病虫害防治科普图书。新版图书与第一版最大的关联就是秉承了"面向基层、面向群众"的创作理念和图文并茂的创作手法，紧贴生产，不忘初心，始终追求"一看就懂、一学就会、一用就灵"的创作效果。

新版图书共收录48种芋薯类蔬菜及鲜食玉米常见病虫害和165幅高清数码图片，并根据最新研究成果对病虫防治技术进行了全面修订，大力倡导应用绿色防控技术和产品，确保芋薯类蔬菜及鲜食玉米的高效、安全生产。新版图书采用当前国际通用的《国际藻类、菌物和植物命名法规》《国际细菌命名法规》和国际植物病毒分类系统等对芋薯类蔬菜及鲜食玉米病原菌的分类进行了重新修订。此外，根据生产实际需求，增设了"专家提醒""农药残留最大限量标准""绿色防控常用药剂索引"等模块，对芋薯类蔬菜及鲜食玉米生产中的常见技术难题、质量风险关键控制点等进行重点剖析或特别提示，以期更好地服务生产。

作者
2023年6月

序（第一版序）

蔬菜是人们日常生活中必不可少的食物，也是我国出口农产品的重要组成部分。随着效益农业的蓬勃发展以及农业种植结构的不断调整，蔬菜种植面积逐年扩大，蔬菜栽培已成为我国农业生产中仅次于粮食生产的第二大种植产业。

然而，由于蔬菜品种繁多，栽种方式多样，且耕作制度复杂，也为各种有害生物的发展提供了丰富多样的食物和环境。有害生物种类多、为害重是蔬菜生产的一个特点，病虫为害已成为影响蔬菜生产发展的重要障碍。长期以来，由于蔬菜病虫暴发、为害所引起的经济损失，消费者对蔬菜外观品质的追求，以及使用农药所获得的经济效益，驱使农户转向依赖于大量施用化学农药防治病虫为害，以期为市场提供外观较为完美的蔬菜。然而，长期大量施用农药，严重削弱甚至毁灭了蔬菜作物生态系统的自然控制作用，使一些原来并不对蔬菜引起经济损失的病虫，例如小菜蛾、甜菜夜蛾、斜纹夜蛾等，种群数量上升，成为主要害虫，并引起严重为害。近年来，随着国际贸易活动的增长，一些原来本地并不存在的有害生物，例如斑潜蝇、烟粉虱等，也被人为或货物夹带，传入本地区发生、为害。此外，蔬菜品种的增多和栽种方式的变化也为一些病虫害提供了发生的机会，逐步成为了主要病虫害，例如西兰花黑茎病、豆荚潜蝇、毛胫夜蛾和菜螟等。因此，蔬菜病虫种类越来越多，为害不断加重，防治难度日益加大。

近年来，随着科学的不断发展，人们对食品中化学、生物污染物对健康可能造成伤害的认识不断加深，如何避免农产品中的各种污染，保证食用蔬菜对人类的安全性,已成为社会关注的热点。因而,人们对蔬菜品质的要求已从外观是否完美转向内在是否安全。于是,生产上提出了无公害蔬菜的概念,即农药残留等有害污染物质的含量在国家有关规定的允许范围内,长期食用不会对人类健康产生明显不良影响的商品蔬菜。

蔬菜作物生态系统的改变和无公害蔬菜概念的提出,对蔬菜病虫害防治工作的决策能力提出了更高的要求。例如,在田间根据所采集到的病虫为害症状、各种生物样本,结合农田的生态环境,正确识别引起为害的病虫种类的能力;了解各种病虫害的发生规律和特点,根据所处的生态环境条件,正确分析病虫害发生趋势的能力;掌握农药科学使用准则,以及无公害蔬菜生产中禁用农药的有关规定,在必要时正确决策是否必须使用农药,如何合理使用农药以避免经济损失的能力。

根据无公害蔬菜生产发展中的这些需求,作者组织了一批在无公害蔬菜生产第一线工作的科研和技术推广人员,通过多年的调查和实践,在实地拍摄了大量高质量的照片资料,在经过精心准备,总结丰富实践经验的基础上,编撰出版了"无公害蔬菜病虫鉴别与治理丛书",为发展无公害蔬菜生产做了一件实实在在的大好事。本套丛书从无公害蔬菜生产的实际出发,针对农户在实际生产中可能碰到的问题,抓住病虫识别和治理决策这两个重要环节,按蔬菜类别,以大量的照片资料,结合简要的文字说明,介绍了在蔬菜作物上发生的数百种病虫种类(其中有些种类还是首次介绍)的有关知识,同时,还介绍了一些与无公害蔬菜生产相关的规定,内容丰富,通俗易懂,图文并茂,颇具匠心。我深信,本套丛书的出版一定会对无公害蔬菜生产的发展起到重要的推动作用。

2005年春

回首二十年（代序）

"韶华如梦惊觉醒，十年弹指一挥间。"距第一版图书出版发行已经17年，倘若从构思的那一刻算起，已有20个年头了。

事实上，在浙江大学攻读在职研究生期间，由于研究植保专家系统需要，我收集并整理了大量文献资料和科研成果，并结合生产实际进行了分类归纳。在此过程中，夜以继日地研读与分析各种资料，日积月累，并内化于心时就产生写书的念头。然而，我始终没有付诸行动，不仅是因为对自己的能力和水平缺乏足够的信心，更纠结的是以什么样的形式来编写真正意义上的科普图书。

我的创作灵感来源于2000年夏天短期访问澳大利亚昆士兰基础产业部时与当地昆虫科普读物的邂逅，以及与布莱文女士关于农技科普推广方面的交流。在从悉尼返程的飞机上，我深深地陷入了冥想，那些一闪一闪的火花慢慢地在脑海中凝聚起来，变得愈来愈清晰。

当年令我兴奋不已的灵感，简单地说，就是本套图书的受众定位、表达方式和实现路径。20世纪末是浙江省农业种植结构调整最为显著的时期，彻底改变了以往"以粮为纲"的单一种植传统方式，"精、特、优"果蔬种植业迅猛发展，浙江省蔬菜播种面积在三五年内由两三百万亩增加到千万亩以上，并且"一乡（镇）一品"等规模化、集约化经营模式不断涌现，同时，种植结构调整催生了一批新型农业经营主体——种植大户，他们亟须新技术的科学普及。因此，本套图书最大的读者群

注：1亩≈667平方米。

就是他们，图书就定位为"面向基层、面向群众"。当时突如其来的想法，如今看来却是如此的精准。正是这"两个面向"的定位，使得本套图书的创作与发行水到渠成。自"无公害蔬菜病虫鉴别与治理丛书"出版以来，数十次重印，累计发行几十万册，彻底摆脱了农业科普图书印次、印量少，甚至首次印刷的千余册还束之高阁或置于仓库旮旯的窘境。

既然本套图书是"面向基层、面向群众"，那就得让农民"读得懂"。因此，图文并茂和通俗易懂的表达方式便成了本套图书的不二选择。虽然在如今的读图时代，这早已成了各类读物的基本形式，但当我们穿越时空回到17年前，要真正做到这一点却不是件容易的事情。那时候的植保科普图书基本以文字描述为主，所谓的"图"是指图书中少得可怜的插图，那都是一些资深的老先生们纯手工绘制的黑白点线图和彩色模式图。能在图书的前面和后面集中插入一些用胶片相机拍摄的小尺寸的病虫图片，那都是凤毛麟角了。这主要是受当时技术、交通以及观念等多方面的局限所致，特别是胶片摄影的拍摄容量以及无法"即拍即见"的制约，使得系统地获取病虫生态图像并以一病（虫）一图甚至一病（虫）多图的形式逼真地再现田间病虫为害场景，变得异常困难。

如何在胶片摄影时代实现图文并茂地表达图书内容，也就是实现路径，成为创作灵感落地生根的关键所在。可能是那段时间经常琢磨专家系统的缘故，脑海中突然就冒出了"群集法"这个方法。于是，我开始寻找志同道合的小伙伴一起组建创作团队，最终团队规模达50余人。俗话说"众人拾柴火焰高"，以人海战术、抱团作战的方式，以种植结构调整为主线，针对重点作物、重点时期、重点病虫害开展群集拍摄，不怕重复，只怕漏拍，以人力集聚跨越时空局限，以智力集聚突破水平有限。而正当我和小伙伴们背着海鸥、理光牌胶片相机，揣着柯达、富士胶片，热火朝天地拍摄病虫害图片时，一场以计算机应用为核心的信息技术革命悄然而至。

20世纪90年代，享受着包房、空调、地毯等优厚待遇的电脑，终于走出深闺大院，进入寻常百姓家庭。DOS、金山WPS时代终结，微软的经典作品Windows 98、Office成为日常办公新助手。随之而来的数码相机、大容量存储器、便携式电脑等，更为系统地实地采集大量病虫图片提供了极大的便利，而这恰恰也是本套图书创新的关键。于是，小伙伴们"鸟枪换炮"，纷纷扛起索尼、佳能数码相机，带着存储卡，背着笔记本电脑，再次出征，深入田间地头，只拍烂菜、烂叶，不屑美景风情。

图文并茂仅仅解决了"读得懂"，而我更希望图书让农民真正"用得上"。只有源于实践而又高于实践的先进、实用且便捷的技术，才是农民真正渴望的"用得上"的技术。因此，创作团队在继续大量实地采集原创图片的基础上，又以各类科研项目为依托，开展大量的观测调查、试验示范、技术创新和成果转化等工作。很多疑难病虫害被陆续送到浙江大学、中国农业科学院等单位，请专家、学者鉴定，对很多病虫的生物学特性、灾变规律、影响因子等开展进一步调查，在此基础上，高效环保的防控技术在田间不断试验成功。

在忙忙碌碌的工作中，岁月无痕流逝，图书素材也日益丰富，这些均来自创作团队长年累月泡在田间地头精心收集的第一手资料。经初步筛选获得的高清数码图片达数万幅，把20G容量的移动硬盘塞得满满当当。此外，还有一摞摞的田间试验报告以及中澳农业合作项目、省级重大攻关项目等各类科研成果。面对案头堆得高高的资料，大功即将告成的喜悦油然而生，但紧接着的是前所未有的紧迫感，甚至还有一丝不安。

广受农民喜爱是农业科普读物的内在生命力，而市场才是检验科普读物生命力最有力的依据。因此，本套图书定位不仅要让农民"读得懂""用得上"，还要让农民"买得起"。创作团队针对种植大户和基层农技人员专门设计了两套调查问卷，进村入户，广泛调研农民在生产中遇到的技术难题和困惑，以及他们最喜欢的图书编排风格和易于接受的价格等。当攒足了400多份问卷时，本套图书最终的内容选取、编撰排版、装帧形式及定价才跃然而出。厚厚的"大部头"设想被推翻，更改为以作物为主线的若干小分册。在各小分册中以为害度为标准确定病虫种类，采取以图配文形式编排。本套图片选择上既注重典型症状的局部特写，又呈现严重为害时的田间场景，让图书因丰富、典型的图片而活起来。

所谓"无巧不成书"，本套图书进入最后编撰阶段时，我再次访问澳大利亚昆士兰。为不影响图书如期发行，在创作团队的基础上又组建了核心工作小组，明确编写流程。主编负责各分册的初稿起草和图片选择等工作，初稿完成后，不同分册主编相互交换样稿，相互挑刺找碴。互校的范围很广、很细致，耗费的时间也很长。在技术上要求先进、可行且便于操作，在图片上要求典型、准确、清晰，在文字表达上要求通俗易懂且精练、通顺，甚至拉丁文、错别字、标点符号都由专人负责校验。按照编写流程，每位主编须在规定时间内完成各自承担的工作任务，最后由多名主编联合对样稿逐字逐句地审订。每个分册的样稿都至少经历3个月的反复修改，最终交付出版社。在有序的流转中，文稿慢慢蝶变，最终破茧而出。

2005年春季到秋季，全套图书各分册陆续出版发行。由于图书定位准确，编写特色鲜明，所以一经出版就受到广大农民的欢迎，并先后荣获浙江树人出版奖、华东地区科技出版社优秀科技图书一等奖、中华农业科技科普奖、国家科学技术进步奖二等奖，入选国家新闻出版总署首届"三个一百"原创图书工程和中国科协"公众喜爱的优秀科普作品"。承蒙读者厚爱，尽管十多年过去了，图书依然不断地在修订重印，至今仍普遍见于全国各地书店和农家书屋。为更好地服务读者，自

2012年以来,我曾多次想对图书内容重新进行深度的修改与完善,以期为新形势下蔬菜安全生产再出一份绵薄之力。实在是囿于精力、能力所限,一直到今天才得以实现。更大的纠结却与17年前非常相似,那就是农业科普图书的创作手法如何与时俱进以适应新常态,特别是在手机已成为最主流的阅读工具的今天,农业科普图书该如何创新,并让人眼前一亮,为之一振。纠结数年,百思不得其解,只好先放下了。但愿在日后能机缘巧合,灵光乍现,一朝顿悟,到时再以飨读者。

  青春是人生中一道洒满阳光的风景。小伙伴们,还记得那年春天吗?几乎每天晚上我们都跨越大洋的时空差异,互相交流,互相激励,引起共鸣。曾经是何等意气风发、激情洋溢!蓦然回首,如今已人到中年,两鬓渐白,感慨万千。借图书再版之际,衷心感谢十余年来风雨同舟、携手共进的小伙伴们!更由衷感恩一路上给予我们关爱、呵护的长者和挚友们!并以拙作深切悼念恩师程家安先生。

2017年仲夏初成于遂昌
2023年惊蛰修订于杭州

CONTENTS 目 录

芋疫病 …………… 1	玉米丝黑穗病 …………… 53
芋污斑病 …………… 4	玉米南方锈病 …………… 55
芋炭疽病 …………… 7	亚洲玉米螟 …………… 58
芋白粉病 …………… 11	大 螟 …………… 63
芋病毒病 …………… 13	甘薯茎螟 …………… 65
马铃薯晚疫病 …………… 15	斜纹夜蛾 …………… 67
马铃薯早疫病 …………… 19	甜菜夜蛾 …………… 73
马铃薯病毒病 …………… 21	草地贪夜蛾 …………… 76
马铃薯小叶病 …………… 24	黏虫 …………… 80
马铃薯炭疽病 …………… 25	棉铃虫 …………… 82
马铃薯疮痂病 …………… 27	大造桥虫 …………… 85
马铃薯叶枯病 …………… 30	芋单线天蛾 …………… 87
甘薯茎腐病 …………… 32	芋双线天蛾 …………… 90
甘薯病毒病 …………… 36	甘薯天蛾 …………… 93
玉米小斑病 …………… 39	甘薯麦蛾 …………… 95
玉米炭疽病 …………… 42	棉 蚜 …………… 98
玉米纹枯病 …………… 44	玉米蚜 …………… 101
玉米粗缩病 …………… 48	烟粉虱 …………… 103
玉米瘤黑粉病 …………… 50	长肩棘缘蝽 …………… 106

CONTENTS

甘薯小象甲 ·············· 108
马铃薯瓢虫 ·············· 112
茄二十八星瓢虫 ········ 115
马铃薯甲虫 ·············· 117
斑青花金龟 ·············· 120
甘薯小绿龟甲 ·············· 122
短额负蝗 ·············· 124
中华稻蝗 ·············· 127
笨　蝗 ·············· 129
朱砂叶螨 ·············· 131

● 附　录

一、蔬菜作物禁（限）用的农药品种* ·············· 134
二、芋薯类蔬菜农药残留最大限量标准 ·············· 135
三、芋农药残留最大限量标准 ·············· 137
四、马铃薯农药残留最大限量标准 ·············· 138
五、鲜食玉米农药残留最大限量标准 ·············· 140
六、芋薯类蔬菜及鲜食玉米病虫绿色防控常用农药索引表 ··· 142
七、配制不同浓度药液所需农药换算表 ·············· 145
八、国内外农药标签和说明书上的常见符号 ·············· 146

● 主要参考文献

芋疫病

芋疫病为芋艿重要病害,分布较广,发生普遍,多在夏、秋两季发病。重病地块植株因病坏死,严重影响产量和质量。

为害症状

此病主要为害叶片,也可为害叶柄和球茎。叶片染病,初期呈圆形或椭圆形、淡褐色至黄褐色斑点,病、健交界处不明显;后扩展成近圆形至不规则形的淡褐色大病斑,边缘具暗绿色水渍状环带,病斑轮纹呈浓淡褐色相间状。潮湿时,病斑表面长出稀疏白霉,组织坏死,常分泌出黄色至淡褐色液滴状物。后期病斑腐败穿孔,严重时仅残留叶脉,全叶呈破伞状。叶柄染病,产生大小不等的褐色坏死病斑,病斑呈椭圆形或不规则形,周围组织褪绿变黄,病斑相互连接,致使叶柄腐烂折倒,叶片枯萎。地下球茎染病,病部组织变褐,严重时导致腐烂。

发病初期,病斑呈圆形或椭圆形,淡褐色至黄褐色,病、健交界处不明显

病斑扩大后呈椭圆形或不规则状,外围暗绿色水渍状环带;潮湿时,病斑表面长出稀疏白霉

常有黄色至淡褐色液滴状物从病斑处渗出

大量病斑会合连接成片，引起叶片早衰

发病中后期病叶正面病斑

发病中后期病叶背面病斑

后期病斑组织坏死，腐败穿孔

发病后期病叶呈破伞状

发生特点

此病由藻物界卵菌门芋疫霉 Phytophthora colocasiae Racib. 侵染引起。病菌主要以菌丝体在种芋球茎内或病残体中越冬，也能以休眠孢子随病残体在土壤中越冬。带菌种芋为病菌主要初侵染源，长成后即成为中心病株。在南方地区，无明显越冬期，其初侵染源主要来源于遗落田间的零星病株。在环境条件适宜时，病菌产生孢子囊，借助雨水和气流传播，向四周扩散，进行再侵染。

病菌喜温暖、高湿的环境条件。此病发生与流行主要取决于芋生长期间的雨量和雨日，雨量大、雨日多，病害严重。另外，种植过密、偏施氮肥、植株生长过旺或田间积水、地势低洼等情况下发病也重。

叶柄染病，产生大小不等的褐色坏死病斑，病斑长椭圆形或不规则形

防治要点

①因地制宜选用抗病品种，选留无病种芋。②实行轮作。进行2年以上轮作换茬，最好实行水旱轮作。③选择地势高、干燥、排灌便利的地块种植；加强肥水管理，施足底肥，增施磷、钾肥，避免偏施氮肥；及时铲除中心病株，并集中销毁。④药剂防治。发病初期，选用47%德劲（烯酰·唑嘧菌）悬浮剂750倍液，或60%达文西（氟吗啉·唑嘧菌胺）水分散粒剂1000倍液，或687.5克/升银法利（氟菌·霜霉威）悬浮剂1000倍液，或50%阿克白（烯酰吗啉）可湿性粉剂2500~3000倍液，或68%金雷（精甲霜·锰锌）水分散粒剂600~800倍液等喷雾防治，每隔7天施用1次，连续防治2~3次。施药时应尽量把药液喷雾到中下部叶片背面。

芋污斑病

芋污斑病是芋艿主要病害，分布广泛，发生普遍，南方种植区为害较重。

■ 为害症状

此病仅为害叶片，多从下部叶片开始发病，而后逐渐向上发展。发病初期，叶片正面出现大小不等的绿褐色圆形至不定形病斑，后逐渐变成淡黄色；病斑扩大后呈浅褐色至暗褐色，病斑边缘多不明显，似污渍状。叶背病斑近圆形，颜色较浅，呈淡黄褐色；高湿条件下，病斑表面产生隐约可见的暗褐色霉层（即病菌分生孢子梗和分生孢子）。发病严重时，叶片上病斑密布，短期内病叶即变黄干枯。

发病初期，叶面产生大小不等的绿褐色圆形至不定形病斑

■ 发生特点

此病由真菌界子囊菌门芋枝孢 *Cladosporium colocasiae* Sawada 侵染引起。病菌以菌丝体和分生孢子在病残体上越冬，可在病部组织或土壤中营

腐生生活。翌年环境条件适宜时，病菌以分生孢子进行初侵染，借助气流或雨水溅射传播蔓延，以后病部不断产生新的分生孢子进行再侵染，加重为害。在南方种植区，病菌辗转侵染，周年发生，无明显越冬期。

病菌喜高温高湿环境，适宜发病的温度范围为20~38℃，最适宜发病的气候条件为温度25~32℃，相对湿度90%以上。芋芳最适感病期在成株期至采收期，发病潜育期7~15天。芋芳生长期间高温高湿天气有利于病害发生与流行。

浙江及长江中下游地区主要发病盛期在7—10月。夏、秋季雨水较多的年份发病重，田间郁蔽、偏施氮肥、植株生长衰弱或徒长的田块发病较重。

叶面病斑扩大后呈浅褐色至暗褐色，病斑边缘多不明显，似污渍状

叶背病斑近圆形，颜色较浅，呈淡黄褐色

高湿条件下，病斑表面产生隐约可见的暗褐色霉层

严重发病时，叶片上病斑密布，引起病叶变黄干枯

防治要点

①及时清园。收获后及时、彻底清理田间植株及病残组织，带出田外集中销毁，减少菌源。②加强管理。增施有机底肥，推广测土配方施肥，生长期间加强田间管理，防止田间积水，增强植株抗病力。③药剂防治。发病初期，选用68%金雷（精甲霜·锰锌）水分散粒剂600～800倍液，或64%杀毒矾（噁霜·锰锌）可湿性粉剂1000倍液，或70%品润（代森联）水分散粒剂600倍液，或60%百泰（唑醚·代森联）水分散粒剂750倍液等喷雾防治，每隔7～10天施用1次，连续防治2～3次。

芋炭疽病

芋炭疽病是芋芍主要病害之一，分布较广，发生普遍且较重，多在夏、秋季发病，对产量和质量均有很大影响。

■ 为害症状

此病主要为害叶片，严重时也可为害球茎和叶柄。叶片染病，初期出现水渍状暗绿色病斑，圆形或不定形；后渐变为近圆形，呈黄褐色至暗褐色，病斑四周具黄色晕环。湿度大时，病斑上面出现黑色小点或朱红色小液点。干燥时，病斑干缩成羊皮纸状，易破裂或部分脱落成穿孔状。球茎

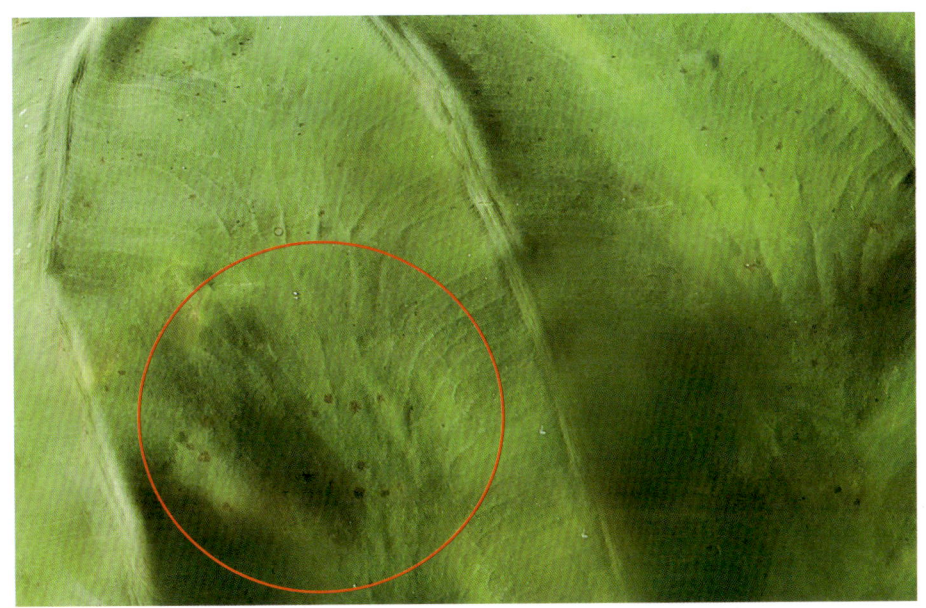

发病初期，病斑呈水渍状，暗绿色，圆形或不定形

病斑渐变成近圆形，呈黄褐色至暗褐色，四周具黄色晕环

染病，病斑圆形，似漏斗状，深入肉质球茎内部，去皮后可见病部组织呈黄褐色，无臭味。

■ **发生特点**

此病由真菌界子囊菌门辣椒刺盘孢 *Colletotrichum capsici*（Syd. & P. Syd.）E.J. Butl & Bisby 侵染引起。病菌以菌丝体、分生孢子盘及分生孢子随病残体在土壤中越冬，或以分生孢子附着在球茎表面及以菌丝体潜伏在球茎内越冬。栽种带菌种芋引起田间发病，也可由越冬病残体产生分生孢

干燥时,病斑干缩成羊皮纸状,易破裂

子侵染发病。环境条件适宜时,分生孢子萌发,从植株伤口或从表皮直接侵入进行侵染,也可借助风雨及昆虫活动进行多次重复侵染,致使病害蔓延。

病菌喜高温、高湿环境条件,最适宜发病的气候条件为气温25～30℃,相对湿度85%以上,高于35℃少发病或不发病。水分对病菌繁殖和传播起重要作用,尤其是叶面水膜十分重要,分生孢子借助雨水溅射冲刷分散扩展,在有水膜的条件下萌发。芋芳生长期间高温、多阴雨、多雾或露重天气易发病,种植过密、田间积水的田块发病重。

防治要点

①选用无病田块的种芋留种。②选择地势平坦、排水良好的田块种植;施用充分腐熟的有机肥。③收获后及时、彻底清除病残植株和病株球茎等,减少田间越冬菌源。④药剂防治。发病初期,选用250克/升凯润(吡唑醚菌酯)乳油1500倍液,或400克/升锐收果香(氯氟醚·吡唑酯)悬浮剂1500倍液,或325克/升阿米妙收(苯甲·嘧菌酯)悬浮剂1500倍

后期病斑部分脱落，呈穿孔状

液，或16%碧翠（二氰·吡唑酯）水分散粒剂750倍液，或75%拿敌稳（肟菌·戊唑醇）水分散粒剂3000倍液，或70%品润（代森联）水分散粒剂600倍液，或60%百泰（唑醚·代森联）水分散粒剂750倍液，或250克/升阿米西达（嘧菌酯）悬浮剂1500倍液，或42.4%健达（唑醚·氟酰胺）悬浮剂2500倍液，或430克/升好力克（戊唑醇）悬浮剂4000倍液等喷雾防治，每隔7~10天施用1次，连续防治2~3次。

专家提醒

　　三唑类杀菌剂，如三唑酮、腈菌唑、苯醚甲环唑、氟硅唑、氟环唑、氟菌唑、戊唑醇、戊菌唑、烯唑醇、丙唑醇、丙环唑等，不宜与植物油或矿物油等混用，容易发生药害。

　　有效成分含嘧菌酯的农药，如250克/升阿米西达悬浮剂、325克/升阿米妙收悬浮剂等，不宜与乳油药剂、有机硅等混用，以免发生药害。

芋白粉病为芋艿普通病害,局部地区偶尔发生,多在秋季发病,通常发病较轻,对生产无明显影响。

■ 为害症状

此病主要为害叶片,在叶片正面和背面均可产生近圆形至不定形白色粉状斑,大小变化较大,相互融合形成不规则形的大型粉状斑,严重时导致叶片早衰枯死。

■ 发生特点

此病病原及发病规律不详。

叶片正面产生近圆形至不定形白色粉状斑

病斑相互融合形成不规则形的大型粉状斑

发病严重时,叶片早衰枯死

■ 防治要点

①农业防治。高畦栽培,合理密植,开沟排水,科学施肥,以增强植株长势,提高抗病力。②药剂防治。田间病害发生偏重时,选用29%绿妃(吡萘·嘧菌酯)悬浮剂1500倍液,或42.4%健达(唑醚·氟酰胺)悬浮剂2000倍液,或38%凯津(唑醚·啶酰菌)水分散粒剂1000倍液,或250克/升阿米西达(嘧菌酯)悬浮剂1500倍液,或10%世高(苯醚甲环唑)水分散粒剂1500倍液,或12%健攻(苯甲·氟酰胺)悬浮剂1000倍液等喷雾防治,每隔5~7天施用1次,连续防治2~3次。重点喷雾发病中心及周围植株。

芋病毒病

在生产中，芋采用球茎播种方式栽种，病毒不断积累，病毒复合侵染的现象十分普遍。感染后造成植株生长势下降，芋头的球茎变小、数量减少，以及品质变劣，严重影响芋产量和质量。

■ 为害症状

病叶沿叶脉出现褪绿黄点，扩展后呈黄绿相间的花叶，叶片皱缩、叶脉和茎坏死，严重时植株矮化。新叶还常出现羽毛状黄绿色斑纹或叶片扭曲畸形。发病严重时，植株维管束呈淡褐色，分蘖少，球茎退化变小。

■ 发生特点

侵染芋的病毒主要有8种，包括芋花叶病毒（dasheen mosaic virus，DsMV）、黄瓜花叶病毒（cucumber mosaic virus, CMV）、芋羽状斑驳病毒（taro feathery mottle virus, TFMoV）、香蕉束顶病毒（banana bunchy top virus, BBTV）、芋叶脉缺绿病毒（taro vein chlorosis virus, TaVCV）、芋杆状病毒（taro bacilliform virus, TaBV）、芋瘦小病毒（colocasia bobone disease virus, CBDV）、芋呼肠病毒（taro reovirus, TaRV）等，国内报道过的常见芋病毒为DsMV、CMV和TaBV。

病叶沿叶脉产生羽毛状黄绿色斑纹

DsMV为马铃薯Y病毒科马铃薯Y病毒属，主要通过带毒的种苗、种植和田间管理期间人工操作造成的机械摩擦、桃蚜、棉蚜和豆蚜等媒介昆虫传播。DsMV侵染芋后，主要表现羽状花叶、叶片皱缩、叶脉和茎坏死等，导致产量下降，品质降低，球茎久煮不烂。

CMV为雀麦花叶病毒科黄瓜花叶病毒属，在自然条件下主要通过种子、苗木等繁殖材料或介体昆虫传播，其中至少有75种蚜虫能以非持久传毒的方式来传播该病毒。CMV侵染芋后，常见花叶和植株矮化，此外还有系统坏死等。

TaBV为花椰菜花叶病毒科杆状病毒属，主要通过无性繁殖材料随人类生产活动扩散而传播或由粉虱、蚜虫等媒介昆虫等以半持久方式传播。TaBV侵染芋后，引起叶片黄化、花叶、褪绿斑驳、条状褪绿、叶缘卷曲、脉明、脉坏死、肿瘤、叶斑、落叶等。

防治要点

①选用脱毒种苗。②及时清除田间发病植株，加强蚜虫等传毒媒介的科学防控。③药剂防治。发病初期，选用20%吗胍·乙酸铜可湿性粉剂800倍液，或10.0001%羟烯·吗啉胍水剂1000倍液，或1%香菇多糖水剂500倍液+1.8%爱多收（复硝酚钠）水剂3000倍液，或0.04%芸苔素内酯水剂10000倍液等喷雾防治，每隔7~10天施用1次，连续防治2~3次。

专家提醒

目前尚无针对病毒病的特效药剂。预防病毒病的关键是抓好苗期蚜虫等传毒媒介昆虫的科学防控。同时，蚜虫等媒介昆虫极易产生抗药性，开展防治时需注意合理轮用不同作用机理的防治药剂，具体参见"棉蚜"。

马铃薯晚疫病

马铃薯晚疫病是导致马铃薯茎叶死亡和薯块腐烂的毁灭性病害，全国各种植区都有发生，严重影响马铃薯产量和质量。

为害症状

此病主要为害叶片、茎蔓和薯块，也可为害叶柄。

叶片染病初期，多在叶尖或叶缘出现水渍状绿褐色小斑，病斑周围具有较宽的灰色晕环；湿度大时，病斑迅速扩展成黄褐色至暗褐色大斑，边

病菌多从叶缘侵入，初期病斑呈水渍状，绿褐色，周围具有较宽的灰色晕环

湿度大时，病斑迅速扩展成黄褐色至暗褐色大斑，边缘灰绿色，界限不明显

干燥时，病部变褐干枯

缘灰绿色，界限不明显，常在病、健交界处产生一圈稀疏白色霉层（即病菌的孢囊梗和孢子囊），叶背尤为明显；发病严重时导致叶片萎垂卷曲，甚至全株黑腐；大流行时，全田一片焦枯。干燥时，病部变褐干枯，如薄纸状，易破裂或卷缩，病症不明显且扩散速度减慢。

地上茎部染病，多形成

茎部染病，多形成不规则褐色条斑，严重时导致地上茎软化甚至崩解

长短不一的不规则褐色条斑，湿度大时病斑表面偶尔可见稀疏的白色霉层；茎部组织受害坏死后，可致地上茎软化甚至崩解，造成该茎及其上的叶片死亡。

薯块染病，初期为稍凹陷浅褐色小斑，后变成不规则形褐色至紫褐色病斑，边缘不明显，病部皮下薯肉呈浅褐色至暗褐色，最终导致薯块腐烂；干燥条件下病部发硬，呈干腐状。

■ 发生特点

此病是由藻物界卵菌门致病疫霉 *Phytophthora infestans* (Mont.) de Bary. 侵染引起。病菌主要以菌丝体在薯块中越冬，为翌年病害的初侵染源。带菌薯块常不能发芽或发芽后未出土就枯死，少数带菌种薯能发芽，而长出的植株不久便成为田间中心病株。环境条件适宜时，其上产生孢子囊并借助气流传播，进行再侵染。病菌孢子囊还可借助雨水或灌溉水渗入土中侵染薯块，形成病薯，病薯即为下一季的主要侵染源。

病菌产生孢子囊的最适温度为18～22℃，产生游动孢子的最适温度为10～13℃；游动孢子萌发的最适温度为12～15℃，适宜发病的温度范围为10～30℃；最适宜发病的环境条件为白天气温22℃左右，夜间温度10～13℃，相对湿度大于95%，叶片上有水滴存在时间持续11～14小时。

浙江及长江中下游地区马铃薯晚疫病的主要发病盛期在4—6月，最适感病生育期在植株封行至采收期；薯块收获后贮藏期间病情仍能继续发展，发病潜育期1～5天。一般多雨年份，早晚多雾、多露，潮湿天气，有利于病害发生和蔓延。此外，施氮肥过多、土壤黏重、地势低洼、植株生长茂密等也有利于发病。采用保护地栽培的薯块，受害有所减轻。

■ 防治要点

①选用抗病良种，在无病地块选留种薯。②加强管理。在入窖、出窖、切块、播种等各个环节，严格把关，剔除可疑带菌种薯，减少病害初侵染源。选择土质疏松、排水良好的地块种植，合理密植，避免偏施氮肥和雨后田间积水。③清洁田园。及时拔除中心病株，收获后及时清除病残体，并带出田外集中销毁。④药剂防治。发病前，选用47%德劲（烯酰·唑嘧菌）悬浮剂750倍液，或60%达文西（氟吗啉·唑嘧菌胺）水分散粒剂1000倍液，或68%金雷（精甲霜·锰锌）水分散粒剂600～800倍液，或68.75%易保（噁酮·锰锌）水分散粒剂800～1000倍液，或72%克露（霜脲·锰锌）可湿性粉剂600倍液，或18.7%凯特（烯酰·吡唑酯）水分散粒剂600～800倍液，或53%富多宝（烯酰·代森联）水分散粒剂250～350倍液等喷雾预防。发病初期，选用50%阿克白（烯酰吗啉）可湿性粉剂1500倍液，或23.4%瑞凡（双炔酰菌胺）悬浮剂1000倍液，或18%双美清（吲唑磺菌胺）悬浮剂1500倍液，或687.5克/升银法利（氟菌·霜霉威）悬浮剂1000倍液等喷雾防治，每隔7～10天施用1次，连续防治2～3次。

马铃薯早疫病

马铃薯早疫病是马铃薯主要病害之一，分布广泛，发生普遍，常造成枝叶枯死，严重影响马铃薯产量和质量。除为害马铃薯外，还可侵害其他茄科蔬菜。

为害症状

此病主要为害叶片，严重时也可为害薯块。

叶片染病，多从植株下部老叶开始，初期在叶面出现圆形凹陷的褐色小斑点，直径1~3毫米；而后逐渐发展成圆形或近圆形、具有同心轮纹的黑褐色坏死斑，直径3~20毫米，与健康组织界限明显；病斑外围常具1条褪绿窄晕环，以后逐渐消失。湿度大时，病斑上产生黑色霉层（即病菌分生孢子梗和分生孢子）；发病严重时，多个病斑相互连接，形成不规则形大斑，导致病叶坏死，干枯脱落。

病斑褐色，圆形或近圆形，具同心轮纹，多个病斑相互连接形成不规则形大斑

薯块染病，多产生暗褐色、圆形至近圆形凹陷斑，边缘明显，薯块皮下组织呈浅褐色海绵状干腐；贮藏期，病斑增大，严重时导致薯块干腐、皱缩。

发生特点

此病由真菌界子囊菌门互隔链格孢 *Alternaria alternata*（Fr.）Keissl. 侵染引起。病菌以分生孢子或菌丝在病残体或带病薯块上越冬。翌年环境条件适宜时，病菌经气孔、伤口或穿透表皮侵入植物组织，形成初侵染；后在病部组织产生分生孢子，借助风雨等传播，进行多次再侵染，使病害扩展蔓延。病菌喜高温、高湿环境，分生孢子萌发适温为26～30℃。当温度适宜且叶面结露或有水滴时，分生孢子萌发和侵入速度很快，发病潜育期只需2～3天。马铃薯生长期间连续阴雨或相对湿度连续高于70%，此病发生严重且易流行。土壤贫瘠、氮肥不足、长势衰弱、后期植株脱肥早衰等田块发病较重。品种间抗病、耐病性存在一定差异。

防治要点

①因地制宜选用抗病、耐病良种。重病地块实行2～3年与非茄科蔬菜轮作。②加强肥水管理，施足底肥，增施有机肥，提高植株抗病力。③收获后及时清除病残组织，深翻晒土，减少越冬菌源。④药剂防治。发病初期选用42.4%健达（唑醚·氟酰胺）悬浮剂2500倍液，或75%拿敌稳（肟菌·戊唑醇）水分散粒剂3000倍液，或43%露娜森（氟菌·肟菌酯）悬浮剂1500倍液，或400克/升锐收果香（氯氟醚·吡唑酯）悬浮剂1500倍液，或250克/升阿米西达（嘧菌酯）1000倍液等喷雾。

专家提醒

马铃薯早疫病发生快、为害重，要以防为主，应于植株封行开始及早喷药预防。病害快速增长期，可适当缩短施药间隔期、加大药液施用量。

马铃薯病毒病

马铃薯病毒病是马铃薯主要病害之一，是由多种病毒单独或复合侵染引起的系统性病害。通常造成轻度损失，少数地区或特殊年份发病较重，也能严重影响马铃薯产量。

为害症状

马铃薯病毒病在田间常表现花叶、卷叶和坏死3种类型的为害症状。①花叶型。叶片颜色不均，呈现浓淡相间的花叶或斑驳，有时叶脉呈透明状；病情严重时，叶片皱缩畸形，叶缘卷曲，植株矮化，甚至在叶片和薯块上出现坏死斑。②卷叶型。叶片沿主脉由边缘向上、向内翻卷成管状或勺状，继而叶片革质化，变硬、变脆，易折断，有时叶片呈紫色，叶脉尤为明显；病情严重时叶片卷曲呈筒状，植株生长停止或早死，新生薯块少而小，其横剖面上可见黑色网状坏死病变。③坏死型。在叶片、叶柄和枝条、茎蔓上出现褐色坏死斑点，后期转变成坏死条斑；病情严重时全叶枯死或萎蔫脱落。

发生特点

此病主要由马铃薯X病毒（potato virus X，PVX）、马铃薯Y病毒（potato virus Y，PVY）、马铃薯S病毒（potato virus S，PVS）和马铃薯卷叶病毒（potato leafroll virus，PLRV）中的1种或多种复合侵染引起。PVX也称马铃薯普通花叶病毒，寄主范围广，主要侵染茄科植物，体外存活期1年以上，在马铃薯上引起轻度花叶，有时产生斑驳或坏死斑。PVY也称马铃薯重花叶病毒，也可侵染多种茄科植物，体外存活期1~2天，在马铃薯上引起严重花叶或坏死斑点和条斑。PVS也称马铃薯潜隐病毒，寄主范围较

轻度花叶型症状

窄，系统侵染只限于少数茄科植物，体外存活2～4天，在马铃薯上引起轻度皱缩花叶或不显症。PLRV主要侵染茄科植物，体外存活期0.5～1天，在马铃薯上引起卷叶。此外，马铃薯A病毒（potato virus A，PVA）和烟草花叶病毒（tobacco mosaic virus，TMV）也可侵染马铃薯引起病毒病。大部分马铃薯病毒在田间主要通过蚜虫进行传播，如PVY、PVS、PLRV、PVA。同时部分马铃薯病毒也可通过汁液摩擦传毒，如PVX和TMV。高温干旱，田间管理粗放，蚜虫、粉虱等传毒虫媒数量大等情况发生时，病害发生重。25℃以上高温降低寄主对病毒的抵抗力，有利于传毒媒介蚜虫的繁殖、迁飞和传毒，使病害迅速扩展蔓延，加重其受害程度。此外，品种抗性和栽培措施也在很大程度上影响发病程度。

皱缩花叶型症状

■ 防治要点

①建立无毒种薯繁育基地,采用茎尖组织培养脱毒种薯,以确保无毒种薯种植。②选用抗病、耐病优良品种。③农业防治。精细整地,采用深沟高畦栽培,施足有机底肥,增施磷、钾肥,生长期间及时中耕除草和培土,适时浇水,忌大水漫灌,及早拔除病株。④药剂防治。出苗后及时防治蚜虫,药剂选用参照"棉蚜";发病初期,选用20%吗啉胍·乙铜可湿性粉剂800倍液,或10.0001%羟烯·吗啉胍水剂1000倍液,或1%香菇多糖水剂500倍液+1.8%爱多收(复硝酚钠)水剂3000倍液,或0.04%芸苔素内酯水剂10000倍液等喷雾防治,每隔7~10天施用1次,连续防治2~3次。

马铃薯小叶病

马铃薯小叶病是马铃薯常见病害之一,多发生于农户自行留种的田块。

心叶长出的复叶变小,叶柄向上直立,小叶畸形,叶面粗糙

为害症状

此病主要为害叶片。发芽后生长初期即出现症状,由植株心叶长出的复叶开始变小,与下位叶差异明显。新长出的叶柄向上直立,小叶常呈畸形,叶面粗糙。

发生特点

此病多认为由马铃薯M病毒(potato virus M,PVM)侵染引起,但病原还未完全明确,可能还有其他毒源。PVM主要借助汁液摩擦传毒,桃蚜能进行非持久性传毒;另外,鼠李蚜、马铃薯长管蚜也能传毒。田间管理条件差、蚜虫发生量大时发病重;种植脱毒苗的田块发病轻。

防治要点

参照"马铃薯病毒病"。

马铃薯炭疽病

马铃薯炭疽病是马铃薯普通病害,在局部地区发生分布,通常病情较轻,对产量无明显影响。严重时可造成部分植株坏死、干枯和引起根茎腐烂,对产量有一定影响。

■ 为害症状

此病主要为害叶片,严重时也可侵染薯块。

叶片染病,初期产生近圆形至不定形坏死病斑,赤褐色至褐色,后转成灰褐色,边缘明显;后期病斑相互会合形成不规则形坏死斑,病部表面产生许多黑色小点(即病菌的分生孢子盘和分生孢子)。薯块染病,引起植株萎蔫和薯块腐烂。

病斑近圆形至不定形,呈赤褐色至褐色,边缘明显,易破裂

■ 发生特点

此病是由真菌界子囊菌门球状刺盘孢 *Colletotrichum coccodes*(Wallr.)S. Hughes 侵染引起。病菌以菌丝体或分生孢子随病残体越冬。带病种薯是重要的初侵染源,条件适宜时由分生孢子引起初侵染,发病后在病部产生分生孢子,借助风雨传播,形成再侵染。高温、潮湿天气有利于发病。马

后期病斑相互会合,形成不规则坏死斑,表面产生黑色小点

铃薯生长中后期雨、露、雾天气多,有利于病害扩展蔓延。田间管理粗放、土壤贫瘠、排水不良的田块发病较重。

■ 防治要点

①严格挑选种薯,种植无病种薯。②实行健身栽培。选择土质肥沃的田块种植,增施有机底肥,避免田间积水。③药剂防治。发病初期,选用400克/升锐收果香(氯氟醚·吡唑酯)悬浮剂1500倍液,或250克/升凯润(吡唑醚菌酯)乳油1500倍液,或325克/升阿米妙收(苯甲·嘧菌酯)悬浮剂1500倍液,或16%碧翠(二氰·吡唑酯)水分散粒剂750倍液,或35%露娜润(氟菌·戊唑醇)悬浮剂6000倍液,或75%拿敌稳(肟菌·戊唑醇)水分散粒剂3000倍液,或60%百泰(唑醚·代森联)水分散粒剂750倍液,或250克/升阿米西达(嘧菌酯)悬浮剂1500倍液,或42.4%健达(唑醚·氟酰胺)悬浮剂2500倍液,或430克/升好力克(戊唑醇)悬浮剂4000倍液等喷雾防治,每隔7~10天施用1次,连续防治2~3次。

马铃薯疮痂病

马铃薯疮痂病是重要的世界性病害,多数马铃薯种植区均有发生。部分地区发病较重,对马铃薯的商品性有很大影响。除为害马铃薯外,还可为害其他块茎作物。

■ 为害症状

此病主要为害薯块,有时也侵害根系。

薯块染病,初期在表皮上产生浅褐色小点,逐渐扩大成褐色至棕褐色、近圆形至不定形大斑块;后期病部细胞组织木栓化,使病部表皮粗糙,开裂后病斑边缘隆起,中央凹陷或突起,呈粗糙的锈色硬斑块,呈疮痂状。

病薯上形成的病斑因不同土壤类型而变化较大,按表面症状主要可分为突起状、凹陷状和平状病斑。有的薯块发病严重时,病斑中部下凹,可深入2~7毫米,呈褐色至黑色干腐;有的薯块病斑则呈隆起的疱状,高1~2毫米,病斑仅限于表皮,一般不裂开,也不深入薯块内部;平状病斑即便严重发病也不

染病块茎表面产生近圆形至不定形的褐色大斑块

有的薯块病斑则呈隆起的疱状，病斑仅限于表皮，不深入薯块内部

有的薯块发病严重时，病斑中部下凹，可深入薯块内部

凹陷。有的病斑在湿度较大时可长出肉眼可见的灰白色霉层。

■ 发生特点

此病由细菌域放线菌门疮痂链霉 *Streptomyces scabiei corrig.*（ex Thaxter）Lambert and Loria 侵染引起，该病菌是一种放线菌。病菌在种薯上越冬，或在土壤中腐生。病土、带菌肥料和带病种薯是主要初侵染源。种植带菌种薯，发病率很高；健薯种植在带菌土壤中也能发病。病菌多在薯块外表皮木栓化之前从气孔或伤口侵入，木栓化后较难侵入。蛀食性昆虫在为害时也会传播病菌。最适宜发病的条件为温度25～30℃，中偏微碱性的砂壤土发病较重，高温干燥天气发病重；pH在5.2以下的偏酸性土壤则很少发病。品种间白色薄皮品种易感病，褐色厚皮品种则较抗病。

湿度较大时，病斑表面产生灰白色霉层

■ 防治要点

①选用抗病品种，如中薯4号。②选用无病种薯，播种前加强检查，剔除带有疮痂的病薯。必要时可用40％福尔马林200倍液浸种4～5分钟。种薯切口涂抹硫磺粉（不涂抹草木灰），以提高酸性，抑制病菌生长。③改进栽培方式，实行与葫芦科、豆科、百合科等非块茎类蔬菜5年以上轮作。④选择保水性较好的地块种植。加强肥水管理，增施有机肥，禁止施用带菌厩肥。结薯期适时浇水，避免干燥。⑤及时防治地下害虫。

马铃薯叶枯病

马铃薯叶枯病为马铃薯普通病害,病株率一般为5%~10%,当病株高达30%以上时,对马铃薯产量造成一定影响。除为害马铃薯外,还可侵染其他多种作物。

■ 为害症状

此病主要为害叶片,也可侵染茎蔓。

叶片染病,多从生长中后期下部衰老叶片叶缘或叶尖处开始,初期形成绿褐色坏死斑点,后逐渐发展成近圆形至"V"字形灰褐色至红褐色大型坏死斑,具不明显轮纹,病斑外缘常褪绿黄化,最后致病叶坏死枯焦;有时可在病斑上产生少许暗褐色小粒点(即病菌的分生孢子器)。

茎蔓染病,形成不定形灰褐色坏死斑,后期在病部也会产生暗褐色小粒点。

褐色"V"字形大型病斑

■ 发生特点

此病由真菌界子囊菌门豆类壳球孢 Macrophomina phaseolina (Tassi.) Goid. 侵染引起。病菌以菌核或菌丝随病残组织在土壤中越冬,也可在其他寄主残体上越冬。翌年条件适宜时,借助雨水把地面病菌反溅到叶片或茎蔓上引起初侵染。发病后病部产生菌核或分生孢子器，借助雨水传播，进行多次重复侵染，致使病害扩展蔓延。温暖、高湿环境有利于该病发生和流行。土壤贫瘠、管理粗放、种植过密、植株生长衰弱的地块发病较重。

病斑近圆形，红褐色，具浅轮纹，外缘褪绿黄化

■ 防治要点

①农业防治。选择较肥沃地块种植，合理密植；增施有机肥，适当配合施用磷、钾肥。生长后期适时浇水和追肥，防止植株早衰。②药剂防治。发病初期，选用70%甲基托布津（甲基硫菌灵）可湿性粉剂600倍液，或

灰褐色至红褐色大型坏死斑

80%大生M-45（代森锰锌）可湿性粉剂800倍液，或70%品润（代森联）水分散粒剂500～600倍液，或46%可杀得叁千（氢氧化铜）水分散粒剂1500倍液，或500克/升扑海因（异菌脲）悬浮剂1200倍液等喷雾防治。

甘薯茎腐病

甘薯茎腐病是甘薯生产上为害最严重、危险性最大的新发细菌性病害，一般田块发病率达10%～20%，严重田块达50%以上，造成大面积死株，其蔓延迅速、防治困难，严重影响甘薯的品质和产量。此病还能引起多种作物和观赏性植物腐烂病，寄主作物主要包括甘薯、马铃薯、水稻、番茄、甘蓝、茄子、大豆、菊花、矮牵牛花、非洲堇、牵牛花等50多种植物。2016年增列入浙江省农业植物检疫性有害生物补充名单。

为害症状

可为害薯苗、叶柄、叶片、藤蔓和薯块。此病害最显著的特征是在甘

高温高湿条件下，茎部腐烂迅速向上扩展，呈黑色

茎、叶组织变软、腐烂，整个植株发病倒伏

挖开土壤可见地下茎已经腐烂

剖开病株茎蔓，维管束变黑褐色

薯的茎及叶柄上产生褐色至黑色、水渍状的病斑，最后软化崩解，导致枝条末端部分萎凋。

薯苗受害，从茎基部开始自下向上突然变黑软腐、烂倒死亡。

成株期受害，发病初期，病株生长较为缓慢，与土壤接触的茎基部有褐色水渍状病斑，或者茎基部腐烂，挖开土壤可见地下茎已经腐烂；在高温高湿条件下，茎部腐烂迅速向上扩展，呈黑色，茎、叶组织开始变软、腐烂，整个植株发病倒伏，最后全株枯萎死亡。剖开茎蔓，维管束变黑褐色、并有恶臭。在甘薯生长后期病原细菌侵入植株，较少造成死株，主蔓发病症状在长出分枝的节位处终止，分枝症状在主蔓节上终止。

薯块在田间受到感染时，病薯表面有黑色凹陷病斑或外部无症状，内部腐烂，受侵染组织呈水浸状。贮藏期，发病初期一般以芽眼为中心，出现圆形、稍凹陷、黑褐色病斑，后逐渐扩大引起整薯软化腐烂，有臭味。

■ 发生特点

此病由细菌达旦提狄克氏菌 *Dickeya dadantii* Samson et al. 侵染引起。病菌在病薯、病蔓周围的土壤和其他寄主中存活，成为初侵染源。通过带病种薯、薯苗调运作远距离扩散传播。在田间通过灌溉水、工具、工作鞋黏附病土等途径近距离传播。

病原细菌是革兰氏阴性菌，属兼性厌氧菌，适宜生长温度8～42℃，致死温度70℃，适宜生长的pH为4～9。甘薯茎腐病在甘薯苗期、生长期至贮藏期均可发生。薯苗一般在春季扦插后15～18天、夏季扦插后5～7天开始出现症状，发病速度迅猛，在田间有明显的发病中心。高温高湿条件加速病害发展，连续阴雨2～3天后，即出现大面积萎蔫症状。发病初期没有臭味，发病后期腐烂时有臭味。

■ 防治要点

①加强植物检疫，对新发生的零星疫点，就地集中销毁，并用生石灰对发病点土壤进行消毒处理。②与玉米、油菜、花生、大麦等非寄主作物进行轮作。③种薯和薯苗处理。播前和扦插前，将种薯和薯苗投入到30%琥胶肥酸铜悬浮剂或20%噻菌铜悬浮剂300～400倍液中浸泡20分钟左右，捞出放在阴凉处晾干。④培育无病薯苗，使用脱毒无病苗；深沟高畦栽培，少施氮肥，增施磷钾肥，补施微肥；防止田间积水，避免漫灌导致交叉感染。⑤药剂防治。发病初期，选用3%克菌康（中生菌素）可湿性粉剂1000倍液灌根，每株250毫升；也可用6%春雷霉素水剂500倍液或3%克菌康（中生菌素）可湿性粉剂800倍液等喷雾防治，每隔5～7天施用1次，连续防治2～3次。台风暴雨过后需及时补治，严防疫情扩散。

甘薯病毒病

甘薯病毒病是甘薯生产中的重要病害，一般造成产量损失20%～40%，严重时减产幅度可达50%以上，甚至绝收。同时，由于甘薯是无性繁殖作物，一旦感染病毒病，病毒就会在体内不断增殖、积累，代代相传，使得病害逐代加重。甘薯病毒病不仅能造成产量下降、品质变劣，而且导致种性退化，对甘薯产业健康持续发展构成严重威胁。

为害症状

甘薯病毒病为害的症状与病原种类、甘薯生长阶段以及环境条件等密切相关，为害症状大致可以分为：①斑点型。苗期或者发病初期叶片上会产生明脉或者轻微的褪绿半透明斑，后期斑点四周变为紫褐色或形成紫环斑，大多数品种会沿叶脉形成紫色羽状纹。②花叶型。苗期或感染初期叶脉呈现出网状透明状，后沿叶脉形成黄绿相间不规则的花叶斑纹症状。

甘薯病毒病斑点型症状

甘薯病毒病黄化型症状

甘薯病毒病皱缩型症状

③卷叶型。苗期或大田生长前期叶片边缘上卷,发病严重时会致使叶片卷成杯子形状。④皱缩型。病苗叶片数较少,叶片边缘往往不整齐或者扭曲,叶片上会出现与中脉平行的褪绿半透明斑症状。⑤黄化型。叶片变为黄色或者形成黄色网状脉。⑥龟裂型。发病较重时,地下部薯块上会产生黑褐色的龟裂纹症状,贮藏后薯块内部薯肉进一步木栓化,剖开病薯可以发现薯肉上具有黄褐色的斑块。⑦丛枝型。主茎生长缓慢,节间较短,在腋芽处会产生细弱的丛生直立短分枝,叶片变小,颜色发黄。

发生特点

我国已报道的甘薯病毒至少有20种,主要包括马铃薯Y病毒属的甘薯羽状斑驳病毒、甘薯病毒C、甘薯病毒G、甘薯潜隐病毒和甘薯病毒2,

毛形病毒属的甘薯褪绿矮化病毒，菜豆金色花叶病毒属的甘薯曲叶病毒、甘薯加纳利曲叶病毒、甘薯中国曲叶病毒、甘薯乔治亚曲叶病毒、甘薯广西曲叶病毒、甘薯河南曲叶病毒、甘薯湖北曲叶病毒、甘薯四川曲叶病毒1、甘薯四川曲叶病毒2和甘薯山东曲叶病毒，以及黄瓜花叶病毒属的黄瓜花叶病毒等。南方薯区的甘薯病毒病检出率高于北方薯区和长江中下游薯区，北方薯区和长江中下游薯区甘薯斑点型病毒发生最重，南部薯区发生最多的病毒是甘薯病毒G。

甘薯病毒病的远距离传播主要通过带病种薯、种苗的跨区调运。带病种苗移栽后成为发病中心，随媒介昆虫（蚜虫、烟粉虱）或农事操作逐渐向四周扩展，病害逐渐加重。此外，有些病毒的发生与土壤、耕作制度和栽插期也有一定的关系，如甘薯丛枝型病毒病在干旱瘠薄的土地比湿润肥沃的土地发病重，连作地比轮作地发病重，早栽的比迟栽的发病重。

2012年我国首次报道了由甘薯羽状斑驳病毒和甘薯褪绿矮化病毒协同侵染引起的甘薯病毒病，由此复合侵染引起的甘薯病毒病比单个病毒侵染时造成的为害更大，复合侵染下甘薯羽状斑驳病毒比单独侵染时复制能力增强，病毒含量大幅提高。

防治要点

参照"芋病毒病"。

专家提醒

种薯携带甘薯褪绿矮化病毒是苗期病毒病严重发生的关键因素，当种薯同时携带甘薯褪绿矮化病毒与马铃薯Y病毒属病毒时，薯苗显症率和严重度显著增加。甘薯田烟粉虱发生量和甘薯褪绿矮化病毒带毒率与种薯带毒率密切相关，田间应加强对烟粉虱等传毒媒介昆虫的防控。

玉米小斑病

玉米小斑病是玉米主要病害之一，在温暖潮湿地区发生比较普遍。在田间常与玉米大斑病混合发生，一般发病程度较轻，对玉米生产影响小；严重发生时，对玉米产量和品质影响较大。

■ 为害症状

此病主要为害叶片，严重时也为害茎、穗和籽粒。病害通常从下部叶片始发，逐渐向上蔓延、扩展，其田间症状常因品种和环境差异而有所不同。

玉米小斑病早期病叶

有时病斑呈椭圆形或纺锤形,灰褐色至黄褐色,不受叶脉限制,边缘不明显,具褪绿晕环

叶片染病,初期呈现褐色水渍状小点,进而形成小而多的椭圆形灰白色至黄褐色病斑,受叶脉限制,边缘明显,多呈紫色或红褐色,具不明显轮纹。有时病斑呈椭圆形或纺锤形,灰褐色至黄褐色,不受叶脉限制,边缘不明显,具褪绿晕环。环境条件特别适宜时,叶片上产生黄褐色坏死小点,不扩展,外围具浅色晕环,多个病斑常形成暗绿色浸润区。潮湿多雨时,病斑上可产生灰黑色霉状物(即病菌分生孢子梗和分生孢子)。

发生特点

此病由真菌界子囊菌门玉蜀黍平脐蠕孢 *Bipolaris maydis* (Y. Nisik. & C. Miyake) Shoemaker 侵染引起。病菌主要以菌丝体在遗留田间的病残体上越冬,也能附着在种子上越冬。翌年环境条件适宜时,越冬菌源产生分生孢子,借助气流、雨水等途径传播至玉米植株上,在叶面有水膜的条件下萌发,侵入叶片引起初侵染,以后病部组织产生新生代分生孢子进行多次再侵染,造成病害流行。

病菌喜温暖、高湿环境,适宜发病的温度范围为15～30℃,最适宜发病的气候条件为温度28～30℃,相对湿度90%以上,分生孢子萌发的适宜

潮湿多雨时，病斑表面产生灰黑色霉状物

温度为26～32℃。病菌菌丝体发育和分生孢子萌发温度比玉米大斑病要高，高温高湿更有利于小斑病流行。

玉米小斑病在玉米整个生育期均可发生。浙江及长江中下游地区玉米小斑病的主要发病盛期在5—9月。玉米最适感病生育期在籽粒形成期，发病潜育期5～10天。年度间以梅雨多或夏、秋季雨水较多的年份发病重；多年连作、地势低洼、排水不良、土壤黏重的田块发病重；种植过密、通风透光差、肥力不足、抽雄后脱肥或氮肥施用过多的田块发病重。

防治要点

①种子处理。播前用0.5%种子重量的50%多菌灵可湿性粉剂拌种。
②农业防治。选用抗病、耐病品种。适当稀植，或与矮生作物或蔬菜间作，避免连作。增施有机底肥，配合使用磷、钾肥。收获后彻底清除病残组织。
③药剂防治。发病初期，选用240克/升锐收谷瑞（氯氟醚·吡唑酯）乳油1000倍液，或250克/升凯润（吡唑醚菌酯）乳油1500倍液，或17%欧帕（唑醚·氟环唑）悬浮剂1000～1500倍液，或250克/升阿米西达（嘧菌酯）悬浮剂1500倍液，或18.7%扬彩（丙环·嘧菌酯）悬浮剂650～900倍液等喷雾防治。

玉米炭疽病

玉米炭疽病是玉米主要病害之一，发生普遍，对玉米产量影响较大。

■ 为害症状

主要为害叶片。病斑梭形至近梭形，中央浅褐色，四周深褐色，大小（2~4）毫米×（1~2）毫米，病部表面着生黑色小粒点（即病菌分生孢子盘）；后期病斑融合，导致部分叶片枯死。

■ 发生特点

此病由真菌界子囊菌门禾生刺盘孢 *Colletotrichum graminicola* (Ces.) G.W. Wilson 侵染引起。病原菌有性阶段为禾生小丛壳 *Glomerella graminicola* D.J. Politis。病菌以分生孢子盘或菌丝体在病残体上越冬。翌年环境条件适宜时，越冬菌源产生分生孢子，借助风雨传播至寄主进行初侵染；以后

病斑梭形至近梭形，中央浅褐色，四周深褐色

后期病斑融合,导致叶片枯死

病部产生新生代分生孢子进行多次再侵染,导致病害不断扩展和蔓延。

病菌喜高温、潮湿环境。玉米生长期遇多雨、重露、多雾天气容易发病。田间管理粗放、土壤贫瘠、排水不良田块发病重。

■ 防治要点

①选用抗病、耐病品种。②种子处理。用0.5%种子重量的50%多菌灵可湿性粉剂拌种。③实行3年以上轮作,深翻土壤,及时中耕,提高地温;施用沤制的堆肥或腐熟有机肥。④药剂防治。发生严重时,选用240克/升锐收谷瑞(氯氟醚·吡唑酯)乳油1000倍液,或250克/升凯润(吡唑醚菌酯)乳油1500倍液,或325克/升阿米妙收(苯甲·嘧菌酯)悬浮剂1500倍液,或16%碧翠(二氰·吡唑酯)水分散粒剂750倍液,或35%露娜润(氟菌·戊唑醇)悬浮剂6000倍液,或70%甲基托布津(甲基硫菌灵)可湿性粉剂800倍液,或250克/升阿米西达(嘧菌酯)悬浮剂1500倍液,或450克/升咪鲜胺水乳剂1000倍液,或430克/升好力克(戊唑醇)悬浮剂4000倍液等喷雾防治,每隔7～10天施用1次,连续防治2～3次。

玉米纹枯病

玉米纹枯病又名玉米尖眼斑病、花脚杆病,是一种世界性玉米病害,在中国、美国、俄罗斯、日本、南非等国均有发生。我国玉米产区广泛发生,发病率甚至可达70%～100%,严重影响玉米的产量和品质。

▌ 为害症状

叶鞘部位形成圆形或不规则形水渍状病斑,中间灰色,边缘淡褐色,病、健边界模糊

此病主要为害叶鞘、叶片和果穗,严重时也为害茎秆。

叶鞘染病,初期在茎基部1～2节的叶鞘部位形成圆形或不规则形水渍状病斑,中间灰色,边缘淡褐色,病、健部位边界模糊,后病斑扩大或多个病斑会合成云纹状斑块,中间淡土黄色或枯草白色,边缘褐色。云纹状病斑包围整个叶鞘,致叶鞘腐败、叶枯。果穗染病,苞叶上产生云纹状病斑,引起果穗秃尖,籽粒干瘪、腐烂,穗轴霉变。茎秆染病,在茎基部数节

发病初期,病斑呈圆形或不规则形,水渍状,中间灰色,边缘淡褐色,病、健部位边界模糊;病斑扩大或多个病斑会合成云纹状斑块,中间淡土黄色或枯草白色,边缘褐色

出现明显的云纹状病斑,后期茎秆质地松软,组织解体,露出纤维束,植株倒伏。

潮湿时,病部产生稀疏白色蛛丝状菌丝体,菌丝茂盛后结成小绒球,渐变为褐色、大小不一的球形或扁圆形颗粒状菌核。

发生特点

此病主要由真菌界担子菌门立枯丝核菌 *Rhizoctonia solani* Kühn 侵染引起,其有性阶段为担子菌门瓜亡革菌 *Thanatephorus cucumeris* (Frank) Domk。其次还由玉蜀黍丝核菌 *R. zeae* Voorhees 和禾谷丝核菌 *R. cerealis* E.P. Hoeven 侵染引起,玉蜀黍丝核菌主要侵染玉米果穗,引起穗腐。

玉米纹枯病病菌以菌核在土壤中越冬,翌年温湿度适宜时菌丝萌发侵染玉米。玉米纹枯病通过带菌种子、水流等进行远距离传播,土壤中的菌核和带菌病残体是初始侵染源。侵染从苗期至穗期均可发生,主要发生

果穗染病，苞叶上产生云纹状病斑　　　后期病斑表面可产生褐色、大小不一的球形或扁圆形颗粒状菌核

在抽穗期和灌浆期，生长后期病情趋于稳定。侵染最初多从近地面叶鞘开始，逐步向植株上部叶鞘、叶片蔓延。玉米苗期病症少见或扩展缓慢，拔节期后扩展加快，喇叭口期至灌浆期扩展速度最快，后期发病较缓。在我国发生时间由北向南不断提前，6月下旬至7月开始盛行，主要为害叶鞘，不侵入或少侵入茎秆，8月中下旬为侵茎高峰期，造成茎秆腐烂，影响养分和水分输送，9月上中旬在玉米叶鞘和茎秆上形成菌核。

　　玉米纹枯病发生的适宜气候条件为25~30℃、90%以上的相对湿度。偏施氮肥、种植密度过大、地势低洼、排水不良、杂草多的地块，易于发病；玉米倒伏后，病、健株接触，病情加重。

防治要点

①选用早熟、抗病、耐病品种，与非禾本科作物实行轮作。②种子处理。每100千克种子用100～200毫升的25克/升适乐时（咯菌腈）悬浮种衣剂兑水2千克，或400克的12.5%禾果利（烯唑醇）可湿性粉剂兑水8千克进行拌种。③加强田间管理。深耕翻土消灭越冬菌源；及时摘除基部老叶病叶，收获后及时清除田间病残体，带出田外销毁；适施氮肥，补施钾肥，配施磷锌肥；合理密植并及时清除田间杂草，改善田间通风透光条件；配套田间沟系，降低田间湿度；培土壅根防倒伏。④药剂防治。在田间病株率达3%～5%时，选用240克/升满穗（噻呋酰胺）悬浮剂1000倍液，或5%井冈霉素可溶粉剂1000倍液，或1000亿孢子/克枯草芽孢杆菌可湿性粉剂500倍液，或40%菌核净可湿性粉剂1000～1500倍液等喷雾防治，间隔7～10天施用1次，连续2～3次。

玉米纹枯病田间为害状

专家提醒

湿度是影响玉米纹枯病发生的主要因素，生产上应注意合理密植，做到通风透光，尽量避免产生高湿环境。

玉米粗缩病

玉米粗缩病是一种玉米病毒病,分布广泛。一般年份零星发生,严重时也可致产量明显损失,甚至局部地块绝收。

■ 为害症状

多在幼苗阶段发病,初期在玉米幼嫩心叶基部及中脉两侧产生透明褪绿虚线条点,逐渐发展为长2~3毫米的条斑(即"明脉"),后期在成熟叶片背部叶脉上产生隆起的蜡白色条纹(即"脉突"),有明显粗糙感,这种脉突在叶鞘和果穗苞叶上也能形成。发病植株叶片浓绿、僵直,节间粗短,顶叶簇生,病株生长迟缓;后期病株高度明显矮小,大多不到健株的一半,一般不抽穗,个别虽能抽穗,花丝极少,雄穗退化,雌穗畸形,严重时不结实。

发病初期,在玉米幼嫩心叶基部及中脉两侧产生透明褪绿虚线条点,逐渐发展为长2~3毫米的条斑(即"明脉")

叶片背部叶脉上产生隆起的蜡白色条纹(即"脉突")

■ 发生特点

此病由水稻黑条矮缩

田间病株节间粗短,明显矮小,不到健株一半

病毒(rice black-streaked dwarf virus,RBSDV)侵染引起,由灰飞虱传播。RBSDV冬季在小麦或杂草寄主越冬,也可在灰飞虱体内越冬。翌年玉米出土后,借传毒灰飞虱将病毒传染到玉米苗为害。

玉米粗缩病在玉米整个生育期都可发病,以幼苗期最易感病,在玉米5～6叶期表现明显。北方发病重于南方;田间管理粗放,杂草多,灰飞虱多,发病重;玉米幼苗期如与灰飞虱高峰相遇,发病严重。

▌防治要点

①选用抗病品种,避免单一抗源品种大规模种植。②调整播期,避开灰飞虱成虫盛发期。及时防治灰飞虱,可选用10%吡虫啉可湿性粉剂1500倍液等喷雾防治。③清除田间、路边杂草,减少灰飞虱越冬越夏寄主。④药剂防治。发病初期,选用20%吗胍·乙酸铜可湿性粉剂800倍液,或10.0001%羟烯·吗啉胍水剂1000倍液,或1%香菇多糖水剂500倍液+1.8%爱多收(复硝酚钠)水剂3000倍液,或0.04%芸苔素内酯水剂10000倍液等喷雾防治,每隔7～10天施用1次,连续防治2～3次。

玉米瘤黑粉病

玉米瘤黑粉病又称黑粉病、黑穗病,俗称灰包、乌霉,在世界100多个国家和地区均有发生。玉米瘤黑粉病在我国各省份均有不同程度发生,一般可造成1%～10%的产量损失,严重发生年份可高达80%。

■ 为害症状

此病可为害具有分生能力的任何地上部幼嫩组织,如气生根、叶片、茎秆、雄穗、雌穗等。被害组织产生大小不一、球状、棒状等形态各异的病瘤(即菌瘿),初生病瘤多为白色或淡黄色、绿色,肉质,外包白色薄膜,

初生病瘤多为白色或淡黄色、绿色、肉质,外包白色薄膜,有光泽

病瘤逐渐呈现黑色断续条纹直至变成整体黑褐色

有光泽，后逐渐呈现黑色断续条纹直至变成整体黑褐色，质地渐变软，未成熟病瘤受轻度外力压迫会流出水分，成熟后包膜破裂散出大量黑粉（即病菌的冬孢子）。

苗期染病，通常在3~5片叶时，茎叶扭曲畸形、矮缩，生长缓慢，近地面的茎基部产生小的病瘤，有的病瘤沿幼茎串生。

成株期染病，叶片上的病瘤多发生在叶片基部或叶鞘，病瘤小而多，常串生；茎部病瘤生长迅速，常导致籽粒瘦瘪和空秆；雄穗轴上的病瘤常生于雄穗一侧，呈长蛇状或不规则形状；雌穗病瘤一般在果穗的上半部，严重时全穗形成像拳头大小一样的病瘤。

发生特点

此病由真菌界担子菌门玉蜀黍黑粉菌 *Ustilago maydis*（DC.）Corda 侵染引起。病菌以冬孢子在土壤或病残体中越冬，也可附着在种子表面或混在肥料中越冬。翌年冬孢子在适当环境条件下产生担孢子，随风雨传播进行初侵染；增生的瘤状物产生的黑色粉状孢子体可进行再侵染。病菌于玉米抽雄开花期蔓延最快，形成发病高峰期，直到玉米老熟后才停止侵染。

病菌冬孢子萌发的温度条件为26~30℃，冬孢子最低、最高萌发温度区间分别为5~10℃和35~38℃，在水里或者空气相对湿度大于95%时，冬孢子也可萌发。在干燥、有机质缺乏的情况下，田间残留的病原菌极易保持致病性。相反，在潮湿、有机质丰富的土壤中，冬孢子的萌发极易受到其他微生物的作用而失去其致病性。一般我国北方春玉米产区比南方产区发病严重，山区比平原地区发病严重；玉米苗期少雨干旱、生长发育中后期遇连续高温多雨天气、遭受自然灾害后植株表面机械伤口增多易发病；种植密度过大、通风性能差、透光不良、氮肥施用量过大、虫害过于严重有利于发病。

防治要点

①选用抗病品种，与非禾本科作物实行2~3年轮作。②种子处理。播

种前,选用15%三唑酮可湿性粉剂按种子重量的0.4%,或6%戊唑醇悬浮种衣剂按种子重量的0.25%拌种,也可选用3%苯醚甲环唑悬浮种衣剂按种子重量的0.3%,或6%戊唑醇悬浮种衣剂按种子重量的0.1%~0.2%进行包衣。③加强田间管理。合理密植,避免偏施和过施氮肥,用作肥料的秸秆要充分腐熟,在农事操作过程中尽量减少机械伤口,彻底清除田间病残体,玉米生长时期出现病瘤后要及时割除并且带到种植区外进行销毁处理。④药剂防治。在玉米拔节期至喇叭口期,选用325克/升阿米妙收(苯甲·嘧菌酯)悬浮剂1500倍液,或16%碧翠(二氰·吡唑酯)水分散粒剂750倍液,或15%三唑酮可湿性粉剂750~1000倍液等喷雾预防,每隔7~10天施用1次,连续喷施2~3次。

专家提醒

在田间,玉米瘤黑粉病易与玉米丝黑穗病相混淆。玉米瘤黑粉病,茎秆、叶片、果穗、雄穗、根部均可受害,受害部位产生不规则的病瘤体,病瘤表面包裹薄膜,瘤内无丝状物。玉米丝黑穗病主要发生在果穗和雄穗,个别情况下叶片中脉生有条状黑粉,营养器官一般不生黑粉,受害果穗不形成瘤状物,黑粉中杂有丝状的寄主组织。

由于在潮湿、有机质丰富的土壤中,玉米瘤黑粉病病原菌冬孢子的萌发极易受到其他微生物的作用而失去其致病性,因此在玉米最易受感染的抽穗期及时灌溉,保证水分充足,可以减轻发病程度。

玉米丝黑穗病

玉米丝黑穗病是玉米生产中常见病害之一，由于玉米发病后植株很难结实，发病率接近产量损失率，严重发病时对玉米生产巨大影响。

■ 为害症状

苗期染病，幼苗大都呈畸形状，植株矮缩丛生多穗、叶片异常、顶叶打卷和多分蘖，且多分蘖型感病株其分蘖上也会产出顶生黑穗。成熟期感

雄穗染病，小穗小花膨大成叶状，且雄蕊被黑粉孢子取代

病，受侵染的雄穗有2种类型：一是小穗小花膨大成叶状，且雄蕊被黑粉孢子取代，不能产生花粉；二是以雄穗主轴为基础，侧生小穗和主枝被黑粉孢子取代，形成较大的病菌团，但正常的雄穗分枝小花可产生少量的花粉，但作用有限。雌穗受侵染后会形成基部大、顶端小且花丝缺失的短果穗，早期除苞叶外，整个果穗成为一个被白膜包被的黑粉包；后期苞叶被瘤状菌体撑破，白膜也随之破裂，露出不规则且不飞散的块状黑粉菌体。少部分病株的雌穗会生长发育成基部略粗而顶部细的管状，且表现出丛生趋势，果穗也会产生黑粉，且籽粒上会长出类似萌芽的筒状叶。

发生特点

此病为真菌界担子菌门丝孢堆黑粉菌 *Sporisorium reilianum*（J.G. Kuhn）Langdon & Full）侵染引起。病菌为土传性病害，以冬孢子在田地、粪便或病残株中越冬，成为翌年侵染源。苗期病原菌开始侵入，主要从胚芽侵入，其次是根部，在玉米体内形成系统性侵染，并不断蔓延，最后在玉米穗分化期，进入到花器组织，使得雌穗、雄穗发育成黑粉菌孢子堆。

丝轴黑粉菌冬孢子可萌发温度为 11～33℃，最适温度为 25℃，最适 pH 为 4～6。丝轴黑粉菌冬孢子对光敏感，连续 2～3 天黑暗条件下可快速萌发。土壤湿度、含氧量、糖分（果糖、木糖、蔗糖和甜菜糖）等均能影响丝轴黑粉菌冬孢子萌发。

防治要点

①农业防治。实行轮作倒茬，将玉米与大豆等作物进行3年以上的轮作。播种前，深翻土地，让病原菌深埋土壤底层，合理的水肥管理，不施带菌粪肥，及时铲除病株。调整播期，适当推迟播期，选择优质种子，充分晒种等。②选用抗病品种，采取拌种或种子包衣处理。③药剂防治。参照"玉米瘤黑粉病"。

玉米南方锈病

玉米南方锈病发生区域较广泛,自海南省乐东县首次发现后,目前已蔓延至广东、广西、河南等22个省、自治区,常年较稳定发生的省、自治区有海南、广东、广西、福建、浙江和江苏等。

为害症状

玉米南方锈病主要为害玉米叶片。发病初期,叶片出现一些分散的褪绿或淡黄色小斑点,斑点逐渐从叶片表面隆起,突破表皮组织后外露并开

发病初期,叶片出现一些分散的褪绿或淡黄色小斑点

斑点逐渐从叶片表面隆起,突破表皮组织后外露开裂形成橘黄色夏孢子堆,并散出大量橘黄色的夏孢子

裂,呈现为单个、圆形或卵圆形、直径约1毫米的橘黄色夏孢子堆,并散出大量橘黄色的夏孢子。

玉米品种间抗病水平差异明显,抗病品种叶片上无明显症状或仅有少量孢子堆,叶片维持正常的光合作用;而感病品种叶片则密布橘黄色夏孢子堆和夏孢子,严重影响光合作用,引起植株中上部叶片大量干枯死亡;严重发病时整株玉米被橘黄色孢子堆覆盖,导致玉米减产甚至植株死亡。

■ 发生特点

此病由真菌界担子菌门多堆柄锈菌 *Puccinia polysora* Underw. 侵染引起。病菌穿透寄主细胞或通过寄主的气孔进行侵染,侵染过程包括孢子萌发、形成附着胞、侵入寄主细胞、形成胞内吸器、菌丝在胞间生长扩展五个阶段。玉米南方锈病病原菌不能转主寄生，冬孢子不能萌发，病害侵染循环只能通过夏孢子不断繁殖完成。

南方锈病病原菌孢子萌发温度范围为15～31℃，最佳温度范围为24～27℃，且适宜相对湿度为85%。玉米

感病品种叶片密布橘黄色夏孢子堆和夏孢子

南方锈病孢子萌发还与露水、光源、pH、碳源、离体孢子贮藏温度和贮藏时间等因素密切相关。26℃结露16小时条件下发病最重，自然光最有利于南方锈病菌夏孢子萌发，病菌夏孢子萌发率随贮藏时间的延长而逐渐下降。阴雨寡照、高温多湿、地块低洼、氮肥多、密度大、郁闭重的玉米地块南方锈病发生偏重。

■ 防治要点

①选用抗病、耐病品种。②实行轮作，对发病田块前作玉米秸秆集中处理。③种子处理。发病较重地区，播前选择0.25%种子重量的6%戊唑醇悬浮种衣剂，或0.12%种子重量的25%三唑酮可湿性粉剂兑水后进行拌种处理。④药剂防治。发病初期，选用42.4%健达（唑醚·氟酰胺）悬浮剂2000倍液，或12%健攻（苯甲·氟酰胺）悬浮剂1000倍液，或17%欧帕（唑醚·氟环唑）悬浮剂1000～1500倍液，或25%三唑酮可湿性粉剂1500倍液，或12.5%烯唑醇可湿性粉剂4000～5000倍液等喷雾防治，每隔10天施用1次，连续防治2～3次。

亚洲玉米螟

学名 Ostrinia furnacalis（Guenée）

别名 玉米钻心虫、钻茎虫

亚洲玉米螟属鳞翅目草螟科，主要为害玉米、樱桃番茄、荷兰豆、甜豌豆、扁豆、结球莴苣、秋葵、生姜、叶菜等20多种作物。我国除青藏高原玉米栽培区未见报道外，其他地区均有分布。

形态特征

成虫 触角丝状，灰褐色，复眼黑色。雌虫体长13～15毫米，翅展25～34毫米，体黄褐色；前翅鲜黄色，翅基2/3处有棕色条纹及1条褐色波纹，外侧有黄色锯齿状线，向外有黄色锯齿状斑，再向外有黄褐色斑。雄虫略小，翅色稍深；头、胸及前翅黄褐色，胸部背面淡黄褐色；前翅内横线暗褐色，波纹状，内侧黄褐色，基部褐色；外横线暗褐色，锯齿状，外侧黄褐色，再向外有褐色带与外缘平行；内横线与外横线之间褐色；缘毛内侧褐色，外侧白色；后翅淡褐色，中央有一浅色宽带，近外缘处有黄褐色带，缘毛内半部淡褐色，外部白色。

卵 扁椭圆形，长约1毫米，宽约0.8毫米，初产乳白色，后转黄色，半透明，表面有光泽，具网纹，粘在一起排列成不规则形的鱼鳞状卵块。

亚洲玉米螟卵块

幼虫 共5龄。老熟幼虫体长20~30毫米，头部和前胸背板深褐色，体背为淡灰褐色、淡红色或黄色等，胸部第2~3节背面各具4个圆形毛瘤，腹部第1~8节背面各具2列毛瘤，前列4个，中间2个较大，后列2个。

亚洲玉米螟卵块被寄生及初孵幼虫

亚洲玉米螟低龄幼虫

亚洲玉米螟高龄幼虫

亚洲玉米螟老熟幼虫

亚洲玉米螟钻蛀孔

蛹 纺锤形，长15～18毫米，黄褐色至红褐色。体背密布细小波状横皱纹，第1～7腹节腹面具刺毛2列。臀棘显著，黑褐色。

亚洲玉米螟幼虫群集为害玉米雄穗　　　亚洲玉米螟蛹

发生特点

亚洲玉米螟年发生世代随纬度变化而异。东北及西北地区年发生1~2代,黄淮及华北平原年发生2~4代,江汉平原年发生4~5代,广东、广西及台湾年发生5~7代,西南地区年发生2~4代。亚洲玉米螟均以老熟幼虫在寄主被害部位及根茬内越冬。越冬代成虫始见时间由南自北逐渐推迟,广西在4月上旬至5月上旬,湖南5月中下旬至6月下旬,山东5月上旬至6月中旬,北京5月下旬至6月中旬,辽宁6月中

亚洲玉米螟高龄幼虫为害玉米果苞

旬至7月中旬,黑龙江、吉林6月中下旬至7月中旬。在北方地区越冬幼虫5月中下旬进入化蛹盛期,5月下旬至6月上旬越冬代成虫盛发,在春玉米或高粱上产卵。第1代幼虫6月中下旬盛发为害,此时春玉米如正处于心叶期,为害很重。第2代幼虫7月中下旬为害夏玉米的心叶和春玉米的穗。第3代幼虫8月中下旬进入盛发期,为害夏玉米穗及茎部。在春玉米种植区,玉米收获后,第2代成虫则转移到棉田产卵,为害棉花青铃。幼虫老熟后于9月中下旬开始越冬。成虫昼伏夜出,有趋光性。成虫将卵块产在玉米叶背中脉附近,每块20~60余粒,单头雌蛾可产卵400~500粒,卵期3~5天。幼虫历期17~24天。初孵幼虫群聚取食嫩叶、心叶,形成排孔状花叶,并有吐丝下垂习性,随风或爬行扩散,钻入心叶内啃食叶肉,只留下表皮。3龄后幼虫开始蛀茎、蛀果、蛀穗,受害玉米营养及水分输导受阻,长势衰弱、茎秆易折,雌穗发育不良,影响结实,造成严重伤害或引起腐烂。幼虫老熟后一般在被害部位化蛹,蛹期6~10天。在亚洲玉米螟越

亚洲玉米螟高龄幼虫体色多变

冬基数大的年份,田间第1代卵及幼虫密度高,一般发生为害就重。温度在25～26℃,相对湿度90%左右,对产卵、孵化及幼虫存活极为有利,暴雨可增加初孵幼虫的死亡率。在春、夏玉米混种区发生重。春玉米面积大,夏玉米面积小,会集中产卵,加重为害;相反,夏玉米面积较大,为害减轻。玉米品种的长势、叶色及生育期等不同,亚洲玉米螟的发生数量也有所差异。

■ 防治要点

①农业防治。选用抗虫品种。秋、冬季妥善处理玉米茎秆和其他野生寄主,减少越冬虫源。种植早播诱虫田块,诱集产卵,集中防治。②生物防治。在产卵始期至盛期人工释放玉米螟赤眼蜂、螟虫长距茧蜂等天敌,一般每亩释放1万～2万头。③成虫诱杀。用杀虫灯或玉米螟性信息素诱杀成虫,压低虫口。④药剂防治。在幼虫2龄前、玉米心叶期,选用16000IU/毫克苏云金杆菌可湿性粉剂250～500克/亩制成毒土,撒施在心叶;在玉米心叶末期和穗期,选用10%倍内威(溴氰虫酰胺)可分散油悬浮剂750倍液,或5%普尊(氯虫苯甲酰胺)悬浮剂1000倍液,或60克/升艾绿士(乙基多杀菌素)悬浮剂2000倍液,或10%除尽(虫螨腈)悬浮剂900倍液,或150克/升凯恩(茚虫威)乳油3000倍液等喷雾防治。

大 螟

学名 *Sesamia inferens*(Walker)

别名 稻蛀茎夜蛾，紫螟

大螟属鳞翅目夜蛾科蛀茎夜蛾属。主要为害水稻、玉米、高粱、麦、粟、甘蔗、芦苇、油菜、茭白等作物，分布于陕西、河南以南的大部分地区。

形态特征

成虫 雌蛾体长15毫米，翅展约30毫米，头、胸部浅黄褐色，腹部浅黄色至灰白色，触角丝状，前翅近长方形，浅灰褐色，中间具小黑点4个排成四角形。雄蛾体长约12毫米，翅展27毫米，触角栉齿状。

卵 扁圆形，初产白色，后变灰黄色，表面具细纵纹和横线，常聚产排成2～3行，或散产。

幼虫 共5～7龄。末龄幼虫体长约30毫米，体较粗壮，头红褐色至暗褐

大螟成虫

大螟幼虫及为害状

大螟老熟幼虫

大螟蛹

色,前胸背面3龄前鲜黄,3龄后为鲜红色,腹部背面淡紫色,腹足发达,体节上着生疣状突起,其上着生短毛。

蛹 略呈长圆筒形,长13~18毫米,黄褐色,背面暗红色,头、胸部具灰白色粉状物,臀棘有3根钩棘。

■ 发生特点

云贵高原年发生2~3代,江苏、浙江3~4代,江西、湖南、湖北、四川4代,福建、广西及云南开远4~5代,台湾、广东南部6~8代。以老熟幼虫在寄主残体或近地面的土壤中越冬,翌春在气温高于10℃时开始化蛹,15℃时羽化。成虫飞翔力强,常栖息在株间,单头雌虫可产卵240粒。越冬代成虫喜在玉米苗和地边产卵,多集中在玉米茎秆较细、叶鞘抱合不紧的植株靠近地面的第2节和第3节叶鞘的内侧,可占产卵量的80%以上。刚孵化出的幼虫,不分散,在玉米叶鞘内侧群集蛀食叶鞘和幼茎,1天后,被害叶鞘的叶尖开始萎蔫,3~5天后发展成枯心、断心、烂心等症状,植株停止生长,矮化,甚至死亡。被害株(即产卵株)初期常有幼虫10~30条;幼虫3龄以后,分散迁害邻株,可转害5~6株不等。江浙一带第一代幼虫于5月中下旬盛发,第二代幼虫于7月中下旬盛发,第三代幼虫于8月下旬盛发。

■ 防治要点

①加强测报,预测防治适期。②清理田园,铲除寄主和田边杂草,消灭越冬虫源。③药剂防治。参照"亚洲玉米螟"。

甘薯茎螟

学名 *Omphisa anastomosalis*（Guenée）
别名 甘薯藤头虫、甘薯蛀心虫

甘薯茎螟属鳞翅目螟蛾科，主要以幼虫为害甘薯，在浙江、福建、台湾、广东、海南、广西、云南等地均有分布。

■ 形态特征

成虫 体长13～17毫米，翅展30～40毫米。头部淡红褐色，体银灰色。腹部背面有成对的浅黄褐斑，末端5节两侧均有1丛毛簇，向外突出。前翅基部至中脉以下有不规则的红褐色斑纹，中室中央及末端有白色透明的1大2小斑纹，二者之间有1红褐色斑点，近外缘处有2条黄褐色波状横线，缘毛白色；后翅基部、臀角与顶角有不规则的红褐色斑，中室端脉斑不规则，褐色，有黑边与内缘连接，翅外缘有2条不规则的弯曲褐色条纹，臀角及顶角和缘线有深褐色波状线条，缘毛白色。

卵 扁椭圆形，长约1毫米，初产淡绿色，后渐呈淡黄褐色，孵化前1～2天卵表面出现紫色斑点。

幼虫 头部颜色多变，初孵为黑色，2龄后为黄褐色，末龄红褐色。末龄幼虫体长26～30毫米，胸腹部黄褐色略带紫色，除第1节外其他各节均有12个隆起的毛片，其中背面4个呈梯形排列，两侧气孔周围各4个。

蛹 长15～16毫米，初化蛹时为淡黄色，后呈红褐色。头部突出，翅芽达

甘薯茎螟幼虫

第6腹节末端，胸背中央纵隆起，腹部末端钝圆，有细钩状毛8根。

发生特点

福建、广东一年发生5代，少数发生4代。以老熟幼虫在冬薯茎内或田间残留的薯块、遗藤内越冬。第1代发生于5月上中旬，第2代为7月中旬，第3代为8月中下旬，第4代为9月中下旬，第5代为11月下旬。不同虫态历期分别为成虫3～17天；1～4代卵期4～11天，第5代22～24天；1～4代幼虫期平均为27～47天，越冬代（第5代）平均145天；蛹期一般10～20天。成虫白天静伏在田间

甘薯茎螟幼虫及为害状

茎叶或杂草荫蔽处，受惊即作短距离飞行，夜出活动，趋光性弱。此虫多于19:00～23:00羽化，羽化当晚即可交配，第2天晚上开始产卵，以羽化后第2天至第5天产卵最多。单头雌蛾一生产卵70～80粒，部分可多达237～487粒，多散产在叶芽、叶柄或幼嫩的茎蔓上。初孵幼虫多从叶腋处蛀入茎内为害，后转入主茎或较粗茎蔓内取食，少数钻入薯块中为害。幼虫一般向下蛀食，咬碎茎内组织，混杂着薯茎汁液和虫粪，粘成颗粒状，吐丝连接成串，推出堆粘在蛀孔外，此为检查大田虫害的重要特征。薯蔓受刺激后，形成中空膨大的虫瘿，一条茎蔓通常只有1个虫瘿。老熟幼虫先在虫瘿上咬出1个羽化孔，孔口由半透明的薄丝膜封住，而后结一薄丝茧匿居其中化蛹，化蛹位置多在羽化孔下方2～8厘米处。

防治要点

①农业防治。清洁田园，及时处理残薯和枝蔓等，消除越冬虫源；甘薯茎螟为寡食性昆虫，大规模轮作可有效抑制其发生。②选择抗虫品种，选用基部分枝力强的高产抗虫品种。③药剂防治。参照"亚洲玉米螟"。

斜纹夜蛾

学名 *Spodoptera litura*（Fabricius）

别名 斜纹夜盗蛾、莲纹夜蛾、莲纹夜盗蛾、花虫等

斜纹夜蛾属鳞翅目夜蛾科，为间歇性暴发的暴食性害虫。食性极杂，寄主植物近100多科300多种，在蔬菜上主要为害十字花科、茄科、豆科、瓜类、菠菜、葱、空心菜、土豆、藕、芋等。斜纹夜蛾在全国各地均有分布，是我国农业生产上重要害虫之一，多次造成灾害性为害。

形态特征

成虫 体长14～20毫米，翅展30～40毫米，深褐色。前翅灰褐色，多斑纹，从前缘基部到后缘外方有3条白色宽斜纹带，雄蛾的白色斜纹不及雌蛾的明显。后翅白色，无斑纹。

卵 扁半球形，块产成3～4层的卵块，表面覆盖有灰黄色的疏松绒毛。

斜纹夜蛾成虫

斜纹夜蛾卵块

斜纹夜蛾初孵幼虫团

幼虫 共6龄,老熟幼虫体长35~47毫米。体色多变,从中胸到第8腹节上有近似三角形状的黑斑各1对,其中第1、7、8腹节上的黑斑最大。

斜纹夜蛾低龄幼虫群集为害芋艿

斜纹夜蛾高龄幼虫体色多变

蛹 圆筒形，末端细小，体长15～20毫米，赤褐色至暗褐色，腹部背面第4～7节近前缘处密布圆形小刻点，有1对强大而弯曲的臀刺。

斜纹夜蛾蛹

三突花蛛猎杀斜纹夜蛾幼虫

■ 发生特点

从华北到华南地区，斜纹夜蛾年发生4～9代不等，台湾及华南等地可终年为害，浙江及长江中下游地区常年发生5～6代，世代重叠。浙江第1代为6月中下旬至7月中下旬，全代历期25～35天；第2代为7月中下旬至8月上中旬，全代历期24～28天；第3代为8月上中旬至9月上中旬，全代历期27～30天；第4代为9月上中旬至10月中下旬，全代历期30～35天；第5代为10月中下旬至11月下旬或12月上旬，全代历期45天以上。11月下旬至12月上旬以老熟幼虫或蛹越冬。

成虫昼伏夜出，飞翔力强，白天躲藏在植株茂密的叶丛中，黄昏时飞回开花植物，对光、糖醋液及发酵物质有趋性。产卵前需取食蜜源补充营养，卵多产于植株中下部的叶片背面，单头雌蛾平均可产卵3～5块，

400～700粒不等。初孵幼虫在卵块附近昼夜取食叶肉，留下叶表皮，将叶片取食成不规则形的透明白斑。遇惊扰后四处爬散或吐丝下坠或假死落地。2～3龄开始分散转移为害，也仅取食叶肉。4龄后昼伏夜出并食量骤增，晴天在植株周围的阴暗处或土缝里潜伏，阴雨天气的白天也有少量个体出来取食，多数仍在傍晚后出来为害，黎明

性诱剂诱杀斜纹夜蛾

前又躲回阴暗处。有假死性及自相残杀现象。4～6龄幼虫取食量占全代的90%以上，将叶片取食成小孔或缺刻状，严重时可吃光叶片，并为害幼嫩茎秆或取食植株生长点，为害后造成的伤口和污染，使植株易感染各类病害。在田间虫口密度过高时，幼虫有成群迁移习性。幼虫老熟后，入土1～3厘米，做土室化蛹。

斜纹夜蛾属喜温性害虫，抗寒力弱，为害发生最适环境条件为温度28～32℃，相对湿度75%～85%，土壤含水量20%～30%。浙江及长江中

下游地区常年盛发期在7—9月，华北的黄河流域盛发期为8—9月，华南盛发期为4—11月。在28～30℃条件下，卵期3～4天，幼虫期15～20天，蛹期6～9天，成虫寿命5～15天。

◼ 防治要点

①农业防治。清除杂草，结合田间作业摘除卵块及幼虫扩散为害前的被害叶。②诱杀成虫。越冬代成虫始见期，采用性诱剂诱杀雄蛾，压低虫口基数，每亩设置1个专用干式诱捕器，诱虫孔离地面1米。③药剂防治。在卵孵高峰期，选用100克/升格力高（溴虫氟苯双酰胺）悬浮剂3000倍液，或50克/升卡死克（氟虫脲）可分散液剂2000～2500倍液，或50克/升抑太保（氟啶脲）乳油1000倍液等喷雾防治；在低龄幼虫始盛期，选用240克/升雷通（甲氧虫酰肼）悬浮剂3000倍液，或22%艾法迪（氰氟虫腙）悬浮剂600～800倍液，或300克/升度锐（氯虫·噻虫嗪）悬浮剂2000倍液，或50克/升美除（虱螨脲）乳油2000倍液，或10%倍内威（溴氰虫酰胺）可分散油悬浮剂1500倍液，或5%普尊（氯虫苯甲酰胺）悬浮剂3000倍液，或150克/升凯恩（茚虫威）乳油1000倍液，或20亿PIB/毫升甘蓝夜蛾核型多角体病毒悬浮剂800倍液等喷雾防治。施药宜选择在傍晚太阳下山后进行。

专家提醒

第3～5代斜纹夜蛾是为害的关键代次，防治上应采取"压低3代、巧治4代、挑治5代"的防治策略。根据幼虫为害习性，防治适期应掌握在卵孵高峰至低龄幼虫分散前。触杀、胃毒并进是提高防治效果的关键技术措施，要用足药液量，在叶面及叶背均匀喷雾，使药剂能直接喷到虫体上。同时，尽量使用选择性药剂，加强天敌的保护和利用。

甜菜夜蛾

学名 *Spodoptera exigua*（Hübner）
别名 贪夜蛾、菜褐夜蛾、玉米夜蛾等

甜菜夜蛾属鳞翅目夜蛾科，是一种间歇性暴发的暴食性、杂食性害虫。寄主范围广，主要为害十字花科、豆科、茄科、葫芦科、百合科及棉花等蔬菜作物及其他植物170余种。全国各地均有分布，以华北、华南、长江流域及台湾等地为害严重。

■ 形态特征

成虫 体长8～10毫米，翅展19～25毫米，体灰褐色，少数为深灰褐色。前翅内横线、亚外缘线均为灰白色，亚外缘线较细，外缘有1列黑色的三角斑，中央近前缘外侧有肾形纹1条，内侧有环形纹1条，肾形纹为环形纹的1.5～2倍，土红色，基部有两条黑色波浪形的外斜线。后翅灰白色略带粉红，翅缘灰褐色，翅脉有黑褐色线条。

卵 圆馒头形，直径0.2～0.3毫米，白色，表面有放射状隆起线。块产成1～3层重叠卵块，表面覆有雌蛾产卵时遗留的白色绒毛。

幼虫 共5龄。老熟幼虫体长约22毫米，体色多变，有绿色、暗绿色、黄褐色、褐色、黑褐色等，多为绿色或暗绿色。不同体色的幼虫胴部有不同颜色的背线，偶有背线缺失。气门下线有明显的黄白色纵带，有时掺杂粉红色，纵带末端直达腹末，不弯到臀足。每体节的气门后上方各有1个明显的白点，以体色为绿色的幼虫最明显。

蛹 长8～12毫米，宽2.5～4毫米，黄褐色。中胸气门深褐色，位于前胸后缘，从腹面正视显著外突。臀棘上及臀棘腹面基部各有刚毛2根，前者长度为后者的1.5～2倍。

甜菜夜蛾高龄幼虫

■ 发生特点

该虫在华北地区年发生3～4代,长江中下游地区年发生5～6代,世代重叠严重。华南地区无越冬现象,其他地区以蛹在地表下7～10厘米的土壤中滞育越冬。浙江地区常年第1代发生期为6月中下旬，第2代为7月上中旬，第3代为8月上旬至下旬，第4代为9月中下旬，第5代为10月中下旬，第6代为10月下旬至11月下旬，多为不完全世代。

成虫昼伏夜出，具趋光性，趋化性较弱，黄昏至上半夜是成虫活动、取食、产卵的高峰期。雌蛾多产卵于叶背或叶面，单头可产卵4～5块，每块有卵8～100粒不等。初孵幼虫群集在叶背卵块附近啃食，稍大分散，分散性强于斜纹夜蛾。2龄后在叶内吐丝结网，将叶片取食成透明小孔。3龄后分散为害或转株为害，进入暴食期，且抗药性增强。4龄后食量大增，占总食量的90%左右，为害叶片、嫩茎成孔洞或缺刻状，严重时仅剩叶脉和叶柄；也可钻蛀为害果实，造成果实腐烂与脱落。4～5龄幼虫昼伏夜出，但也有少量幼虫在阴雨天白天爬上植物取食。高龄幼虫具假死性，虫口密度大时会自相残杀。老熟幼虫钻入表土内化蛹，深度约0.5～3厘米，也可在植株基部隐蔽处化蛹。

甜菜夜蛾属喜温性害虫，为害发生最适环境条件为温度25～35℃，相对湿度80%～95%，土壤含水量20%～30%。卵、幼虫、蛹的发育起点温度分别为10.9℃、10.9℃和12.2℃，有效积温分别为42.5度·日、243.3度·日和105.7度·日。在高温低湿的条件下，发育进度加快。各虫态耐高温能力强，在43.3℃下4小时对幼虫发育无明显影响，同时对低温也有一定的忍耐力，蛹在-12℃下数日仍不死亡。各地一般7～9月是为害盛期，浙江及长江中下游地区盛发期在8—9月。若夏季连续高温、干旱且天敌减少，经济作物种植类型复杂的地区该虫常大暴发。成虫产卵盛期如遇雷阵雨，可减轻此虫为害。

■ 防治要点

参照"斜纹夜蛾"。

草地贪夜蛾

学名 *Spodoptera frugiperda*（J.E. Smith）
别名 秋行军虫、秋黏虫

草地贪夜蛾属鳞翅目夜蛾科，是联合国粮农组织全球预警的重大迁飞性农业害虫。玉米是草地贪夜蛾最嗜好的寄主植物，此外还可为害水稻、高粱、谷子、小麦、青稞、燕麦、莲藕等作物以及皇竹草、马唐、牛筋草、莎草、苏丹草等杂草。

■ 形态特征

草地贪夜蛾成虫

成虫 成虫体色多变，常见有暗灰色、深灰色到淡黄褐色等。雄蛾体长16～18毫米，前翅长10.5～15毫米，雌蛾体长18～20毫米，前翅长11～18毫米。雄蛾前翅灰棕色，翅面上有呈淡黄色的肾形斑，环形斑下角有一白色楔形纹，前翅顶角处有白色斑纹。雌蛾前翅多为灰褐色或灰色和棕色的杂色，无明显斑纹。雌蛾和雄蛾的后翅均为银白色，有闪光，边缘有窄褐色带。

卵 圆顶形，直径约0.4毫米，高约0.3毫米。卵初产呈浅绿色，后逐渐变褐，孵化前呈灰黑色。卵粒底部扁平，顶部中央有明显的圆形点，表面具放射状花纹，并有一定光泽。卵块通常覆盖白色、浅黄色或浅灰色的雌虫腹部鳞毛，卵单层或多层堆积成块状，大小不一，一般有88～320粒。

草地贪夜蛾卵块

幼虫 1龄幼虫体色为黄色或绿色，头部青黑色，体长约1.7毫米。2龄幼虫头部由青黑色变为橙黄色，2龄末开始体背变为褐色。4～6龄幼虫的头部淡黄色或深棕色，体色有淡黄色、橄榄绿、棕色、暗灰色或黑色。低龄幼虫体表具有白色纵条纹，各腹节背面均有4个长有刚毛的黑色或黑褐色斑点，1～2龄时各腹节背面斑点大小一致，从3龄开始，第8、9腹节背面的斑点显著大于其他各节斑点，第8腹节斑点呈正方形排列，第9腹节斑点呈梯形排列，其他各节虽呈梯形，但方向与第9腹节相反。幼虫头部"V"形纹与前胸盾板中央的条纹一起形成一个白色或浅黄色倒

草地贪夜蛾初孵幼虫团

草地贪夜蛾高龄幼虫

"Y"形纹，随龄期增加"Y"形纹逐渐明显。

蛹 长椭圆形，长14~18毫米，胸径4.5毫米。初化蛹时为白色，渐变为棕色、红棕色至黑褐色。第2~7腹节气门椭圆形，显著外突，围气门片黑褐色。腹部背面第5~7节各节上端有一圈圆形刻点，刻点中央凹陷。腹部末端有一对短而粗壮且基部分开的臀棘，棘基部稍粗。

草地贪夜蛾蛹

■ 发生特点

草地贪夜蛾属远距离迁飞昆虫，成虫具有趋光性。单头雌蛾一生平均可产卵1500粒，种群密度低时，优先选择寄主下部茎叶交界处或叶背面产卵；种群密度较高时，则选择寄主上部叶片或邻近非寄主叶片上随机产卵。玉米是其嗜好产卵的寄主植物，尤其偏好在未受害或受害较轻的玉米植株上产卵。幼虫在玉米苗期、拔节期、大喇叭口期、抽雄期、开花抽丝期以及成熟期各个生育阶段均可聚集为害，但偏好取食苗期至大喇叭口期玉米，且偏爱取食甜玉米和糯玉米的果穗，对普通玉米为害较轻。1~3龄期幼虫通常聚集在叶片背面或心叶啃食叶肉，成半透明、薄膜状的啃食痕迹；4~6龄幼虫食量增大，啃食叶片产生大量不规则的孔洞。玉米进入抽穗期后，幼虫钻蛀果穗，导致果穗腐烂、籽粒不全。

草地贪夜蛾在我国呈现出春夏两季（3—8月）季节性北迁南回的为害规律，浙江是其迁飞过渡区，是南北往返迁飞的桥梁地带。草地贪夜蛾适宜生存的温度范围为17~32℃，在此温度范围内幼虫期、蛹期及世代历期均随温度的升高而缩短，32℃以上成虫的繁殖和存活会受到显著影响。在夏季温暖条件下，卵期、幼虫期、蛹期和成虫期分别为2~3天、10~14天、6~9天、8~14天。

防治要点

①加强监测预警。利用雷达、性诱剂监测技术对成虫的迁飞、发生情况进行系统监测，提前预警，便于提早做出应对，控制为害。②利用高空射灯诱杀迁飞成虫，用杀虫灯诱杀田间成虫，减少虫源基数。③保护利用夜蛾黑卵蜂、斯氏侧沟茧蜂等草地贪夜蛾的寄生性天敌，以及球孢白僵菌、莱氏绿僵菌等病原微生物。④种子处理。播种前1天，选择50%氯虫苯甲酰胺或40%溴酰·噻虫嗪或50%吡虫·硫双威种子处理悬浮剂，以种子重量的1%进行包衣，充分拌匀后在阴凉通风处晾干。⑤药剂防治。参照"斜纹夜蛾"。

专家提醒

开展玉米种子处理可以控制草地贪夜蛾早期为害，在玉米出苗后10天内可实现对高密度草地贪夜蛾幼虫的有效防控。化学药剂的使用要根据草地贪夜蛾的迁飞特性，预防不同地理种群间药剂的交互抗性，延缓抗药性的产生，注意药剂合理轮用及安全间隔期。

黏虫

学名 *Mythimna separate*（Walker）

别名 行军虫、夜盗虫

黏虫属鳞翅目夜蛾科，主要为害玉米、小麦、水稻和高粱等禾本科作物。黏虫具有迁飞性、群聚性、暴食性、杂食性等特性，这些特性使其成为亚洲东部诸多国家的作物主要害虫之一，我国除新疆外的所有省份均有发生。

◾ 形态特征

成虫 体长17～20毫米，淡灰褐色或黄褐色，雄蛾色较深。前翅中央近前缘处有2个淡黄色圆斑，外圆斑下有1个小白点，其两侧各有1个小黑点，前翅顶角有1条斜伸的黑色斜纹。

卵 馒头形，高约0.5毫米，初产透明淡白色，微黄，后渐变为黑色，表面有网纹，单层排列成块状或带状。

幼虫 共6龄，老熟幼虫体长约38毫米。体色多变，由淡绿至浓黑，体表有少许黑褐色的短毛，大发生年份3龄后幼虫体色常

黏虫幼虫

呈黑色。头部黄褐至红褐色，沿蜕裂线有深色的"八"字纹；体背具各色纵纹5条，背中线白色、较细；腹足外侧有黑褐纹，气门上有明显的白线。

蛹 圆筒形，长约19毫米，初蛹乳白色，渐变为红褐色，有光泽，腹部背面第5～7节近前缘有马蹄形刻纹，尾刺3对。

发生特点

黏虫在1月0℃等温线（大致为33°N）以北无法越冬，但在1月的0～8℃等温线（为27°～33°N）之间，可以幼虫或蛹在田间成功越冬，1月8℃等温线（为27°N）以南的各区域，可终年为害。1～2龄幼虫通常蛰居在心叶、叶鞘及茎和叶的连接处，食量很小，啃食叶肉后残留表皮，造成半透明的小条斑；3龄幼虫从叶片边缘开始啃食，呈现不规则的缺刻；5龄和6龄幼虫进入暴食阶段，蚕食叶片，啃食穗轴，食量巨大，为获取足够的食物常成群列纵队迁移为害。

黏虫3—4月、5—6月由南向北迁飞，7—8月、8—9月由北向南迁飞，每年南北往返迁飞为害。玉米黏虫发生最适温度为19～22℃，相对湿度大于70%。浙江地区3—4月温度适宜，多阴雨，黏虫多发。

防治要点

①收获后清理残叶、杂草等，发生较重地块进行合理轮作。②成虫诱杀。产卵盛期前，每亩插90捆草把，5天更换1次，更换后集中烧毁；将红糖、醋、白酒和水按1.5∶2.0∶0.5∶1.0的比例配制成糖醋液，加入适量敌百虫，放置于田间1米左右高度诱杀成虫；田间设置杀虫灯诱杀成虫。③药剂防治。参照"斜纹夜蛾"。

棉铃虫

学名 *Helicoverpa armigera*（Hübner）

别名 玉米穗虫、番茄蛀虫、棉铃实夜蛾

棉铃虫属鳞翅目夜蛾科，广泛分布于世界各地蔬菜种植区和棉区，主要为害玉米、棉花、烟草、大豆、番茄、白菜、甘蓝、菜豆、豌豆、花生、苜蓿、芝麻等多达24科200种的作物，我国以黄河流域、长江中下游地区受害严重。

■ 形态特征

成虫 体长15～20毫米，翅展27～38毫米。雄蛾前翅灰绿色或青灰色，雌蛾前翅赤褐色或黄褐色，具褐色环状纹及肾形纹，肾纹前方的前缘脉上有两条褐色斑纹，肾纹外侧为褐色宽横带，端区各脉间有黑点；外横线外侧有深灰褐色宽带，上有7个小白点。后翅黄白色或浅褐色，端区褐色或黑色。

棉铃虫成虫

卵 半球形，直径约0.5毫米，初产时为乳白色，孵化前变为黑褐色，具纵横网格。

幼虫 共6龄。体色有浅绿、浅红、红褐、黑紫等多种，常见的为绿色型及红褐色型。老熟幼虫体长30～42毫米，头部黄褐色，背线、亚背线和

棉铃虫高龄幼虫

气门上线呈深色纵线,气门白色,前胸两根侧毛的连线与前胸气门下端相切。

棉铃虫高龄幼虫

棉铃虫幼虫为害玉米果苞

蛹 纺锤形,长10~20毫米,黄褐色。腹部第5~7节的背面和腹面有7~8排半圆形刻点,臀棘钩刺2根。

发生特点

长江流域年发生5代左右,辽宁、西北内陆地区等棉区为3代,华北地区及黄河流域为4代,华南地区为6~8代,以滞育蛹在土中越冬。黄河流域越冬代成虫于4月下旬始见,第1代幼虫主要为害小麦、豌豆、亚麻、蔬菜;第

2代成虫始见于7月上中旬，盛发于7月中下旬；第3代成虫始见于8月上中旬。长江中下游地区第4代成虫始见于9月上中旬。

成虫昼伏夜出，具趋光性、趋化性，白天多栖息在植株荫蔽处，傍晚开始活动，取食蜜源植物补充营养、寻偶、交配、产卵。一般都在枝叶幼嫩茂密的植株上产卵，卵散产，单头雌蛾平均产卵100~200粒。初孵幼虫先食卵壳，低龄幼虫主要为害嫩叶和玉米花丝，高龄幼虫钻蛀玉米果穗为害，5~6龄进入暴食期。幼虫有转移为害的习性，3龄以上幼虫常互相残杀。老熟幼虫在地表下5~10厘米的土层中筑土室化蛹，羽化时成虫沿原道爬出土面后展翅。25℃条件下，卵期约4天，幼虫期约22.7天，蛹期约18天。

棉铃虫属喜温、喜湿性害虫，成虫产卵适温在23℃以上，20℃以下很少产卵。幼虫最适发育温度为25~28℃，相对湿度为75%~90%。月降雨量在100毫米以上，相对湿度70%以上时为害严重。若雨水过多造成土壤板结，则不利于幼虫入土化蛹，同时增加蛹的死亡率。此外，暴雨会冲掉棉铃虫卵，也有一定的抑制作用。

■ 防治要点

①农业防治。冬耕冬灌减少虫源基数。采用杨树枝诱蛾产卵或种植玉米、番茄等诱集作物，进行集中杀灭。②药剂防治。在卵孵化盛期，选用100克/升格力高（溴虫氟苯双酰胺）悬浮剂3000倍液，或22%艾法迪（氰氟虫腙）悬浮剂600~800倍液，或50克/升美除（虱螨脲）乳油1500倍液，或150克/升凯恩（茚虫威）乳油3000~3500倍液，或240克/升雷通（甲氧虫酰肼）乳油1500倍液，或10%除尽（虫螨腈）悬浮剂2000倍液，或50克/升卡死克（氟虫脲）可分散液剂3000倍液，或10%倍内威（溴氰虫酰胺）可分散油悬浮剂750倍液，或5%普尊（氯虫苯甲酰胺）悬浮剂1000倍液等喷雾防治。

大造桥虫

学名 *Ascotis selenaria*（Schiffermuller et Denis）
别名 步曲、弓弓虫、量寸虫

大造桥虫属鳞翅目尺蛾科，主要为害大豆、菜豆、豇豆、茄子、青椒、白菜等多种蔬菜及棉花、柑橘、梨、苹果等作物，在全国各地均有分布。此虫为间歇暴发性害虫，一般年份主要在豆类、棉花等作物上发生。

形态特征

成虫 体长15～20毫米，翅展38～45毫米，体色变异很大，有浅灰褐色、浅褐色、黄白色、浅黄色等，多为浅灰褐色。翅上的横线和斑纹均为暗褐色，中室端有1条斑纹。前翅亚基线和外横线锯齿状，其间为灰黄色，有的个体可见中横线及亚缘线，外缘中部附近有1个斑块。后翅外横线锯齿状，其内侧灰黄色，有的个体可见中横线和亚缘线。触角浅黄色，雌虫为丝状，雄虫为羽状。

卵 长椭圆形，青绿色。

幼虫 老熟幼虫体长38～49毫米，黄绿色。头黄褐色至褐

大造桥虫高龄幼虫

绿色，头顶两侧各有1个黑点。背线宽，淡青色至青绿色，亚背线灰绿色至黑色。气门上线深绿色，气门线黄色杂有细黑纵线，气门下线至腹部末端浅黄绿色。第3、4腹节上有黑褐色斑点，气门黑色，围气门片浅黄色。胸足褐色。腹足两对，生于第6、10腹节，黄绿色，端部黑色。

蛹 长约14毫米，深褐色有光泽，尾端尖，臀棘2根。

■ 发生特点

浙江及长江中下游地区年发生4~5代，以蛹在土中越冬。各代成虫盛发期分别为6月上中旬、7月上中旬、8月上中旬和9月中下旬。第2~4代卵期为5~8天，幼虫期为18~20天，蛹期为8~10天，完成1代需32~42天。成虫昼伏夜出，趋光性强。羽化后2~3天产卵，多产在地面、土缝及草秆上，大发生时在枝干、叶上均可产卵，数十粒至百余粒成堆，单头雌蛾可产1000~2000粒，越冬代仅200余粒。初孵幼虫可吐丝随风飘移传播扩散，幼虫取食以芽、叶及嫩茎为主，大发生时能蚕食至仅剩茎秆。10—11月以末代幼虫入土化蛹越冬。

■ 防治要点

①农业防治。结合农事操作，及时摘除卵块和群集幼虫。②药剂防治。发生量大时，在幼虫群集期，可选用5%普尊（氯虫苯甲酰胺）悬浮剂1000倍液，或10%倍内威（溴氰虫酰胺）可分散油悬浮剂2000倍液，或150克/升凯恩（茚虫威）乳油3500倍液，或10%除尽（虫螨腈）悬浮剂1500倍液，或50克/升美除（虱螨脲）乳油1500倍液，或4.5%高效氯氰菊酯水乳剂1000倍液等喷雾防治。一般发生年份不需要单独防治，可在防治其他害虫时兼治。

芋单线天蛾

学名 *Theretra silhetensis*（Walker）
别名 芋天蛾、芋黄褐天蛾

芋单线天蛾属鳞翅目天蛾科，主要为害芋类作物，是芋类常见害虫之一。此虫零星发生，除少数年份可造成局部为害外，一般年份发生较轻。

形态特征

成虫 体长25～38毫米，翅展55～70毫米。体、翅黄褐色，胸、腹部的背面中央有1条白线；前翅中央有1条黑色宽纵带，此带上方有1个黑色小点，后缘有1条灰白色线纹；后翅基部及外缘有较宽的灰黑色带，翅背面灰黄色，有灰黑色横线及斑点，缘毛灰色。

卵 球形，直径约1.5毫米，淡黄色至草绿色。

幼虫 老熟幼虫体长60～65毫米，体色有草绿色和灰褐色2种。草绿色

芋单线天蛾成虫

芋单线天蛾卵

芋单线天蛾低龄幼虫

芋单线天蛾高龄幼虫（体色草绿色）

芋单线天蛾高龄幼虫（体色灰褐色）

幼虫，尾角淡黄色，尖端褐色，腹节有7个眼纹，中间3个较大，橄榄形，外围有黑线，中间有大黑点，点下橙黄色，气门红色；灰褐色幼虫，背上有2条茶褐色纵带，气门黑褐色，尾角短，褐色。

蛹 长36～46毫米，灰褐色。

芋单线天蛾蛹

■ 发生特点

浙江年发生2代左右，以蛹在杂草丛中越冬，翌年5月中旬开始羽化。全年以7—8月发生较多，9月底、10月中旬前后越冬。

成虫飞翔力强，具夜出性，对灯光和发酵物有趋性。卵散产于叶背，单头雌蛾产卵量30～40粒，卵期3～5天。幼虫共5龄，初孵至2龄主要在叶背为害，3龄后可将芋叶食成缺刻或穿孔，造成叶片破碎，严重时仅剩叶脉。幼虫历期8～15天，老熟幼虫吐丝卷叶化蛹，或入土室化蛹，蛹期7～9天。

■ 防治要点

①农业防治。田间零星发生时在农事操作中进行人工捕杀。②成虫诱杀。在主害代成虫盛发期用杀虫灯或糖浆诱杀成虫。③药剂防治。发生较重时，选用240克/升雷通（甲氧虫酰肼）悬浮剂3000倍液，或22%艾法迪（氰氟虫腙）悬浮剂600～800倍液，或300克/升度锐（氯虫·噻虫嗪）悬浮剂2000倍液，或50克/升美除（虱螨脲）乳油1500倍液，或10%倍内威（溴氰虫酰胺）可分散油悬浮剂750倍液，或240克/升帕力特（虫螨腈）悬浮剂1500倍液，或5%普尊（氯虫苯甲酰胺）悬浮剂1000倍液，或150克/升凯恩（茚虫威）乳油1000倍液等喷雾防治。也可在防治其他害虫时兼治。

芋双线天蛾

学名　*Theretra oldenlandiae*（Fabricius）
别名　凤仙花天蛾、斜纹双线天蛾

芋双线天蛾属鳞翅目天蛾科斜纹天蛾属，广泛分布于华南、华中、西南、西北、华北和东北等地区，以幼虫为害芋、番薯、凤仙花以及葡萄属植物等。

◼ 形态特征

成虫　体长38～54毫米，翅展65～75毫米，灰褐色。头及胸部两侧有灰白色缘毛，复眼褐色近圆形；触角鞭状，黄褐色。腹部有2条银白色背线，两侧有深棕色及淡黄色纵条。前翅由顶角到后缘有一条白色斜带，斜带内外有数条黑灰色条纹，中室端有一个黑点。后翅黑褐色，有灰黄色斜带一条，缘毛白色。前后翅反面为黄褐色，有3条暗褐色横带。

卵　圆球形，约1.5毫米，卵粒无规律分布于叶片背面、正面和茎秆。初产时黄绿色，略透明，后变为黄白色，孵化前转黄褐色。孵化前可明显观察到幼虫呈几字形于卵壳内。

幼虫　共5龄。1～2龄幼虫较小，体色由透明状变成黑色，2龄幼

芋双线天蛾高龄幼虫

虫有尾突。3龄幼虫虫体迅速增长,体长为14~25毫米,虫体黑色,腹部1~7节背面两侧各出现1个黄色眼状斑点。4龄幼虫体长为28~55毫米,眼状斑点开始分化,其中第一、二节眼状斑为黄色,中间有1个大黑点,其余眼状斑中间为红色,尾突上部为白色,约0.5毫米,下部为黑色;5龄幼虫体长75~100毫米,体色由深黑色逐渐变成浅黑色,背部节上分化出黄色纵条纹,食量明显增加。

蛹 蛹黄褐色,长椭圆形,体长38~47毫米,尾突黑色。背面从头到尾有2条黑色纵线,头部两侧各有一个黑点,腹部两侧各有7个黑色斑点。

芋双线天蛾高龄幼虫

芋双线天蛾高龄幼虫为害芋

发生特点

不同地区发生世代数不同,华北地区一年发生2代,云南河口红河流域一年发生4代,杭州地区一年发生4～5代,但第5代幼虫无法化蛹,世代重叠。卵粒一般散布于寄主植物叶背,少数在叶面,一般一片叶只有1粒卵,少数2～5粒。成熟幼虫钻土打洞或在植物根部周围落叶层吐丝卷叶筑室结茧、化蛹越冬。每年10月中下旬,随着温度降低,越冬老熟幼虫逐渐向下土层钻入,视土层疏松程度,入土深度6～10厘米。

幼虫孵化后多数将卵壳吃掉,初孵幼虫在叶背啃食表皮,2龄后蚕食成小孔洞,3龄起从叶缘蚕食成大型缺刻,食量逐渐增大,为害加重。4龄以后,芋双线天蛾进入暴食期,易为害成灾,常造成叶片残缺不全,严重时仅剩叶脉;在食物匮乏时有一定距离的迁移能力,从原地块向邻近地块急速爬行,遇高温、强光或大雨即躲避到附近茂密的作物或杂草丛中。2～4龄幼虫蜕皮后,都会取食蜕皮而残留的头壳。7—9月,芋双线天蛾虫量最高,为害最重,严重时可将部分植物的叶片、花全部食尽,仅剩叶脉、枝条和茎秆等,使被害植株呈光秆状,甚至可使枝条枯死,严重影响植物的光合作用和生长发育。

防治要点

①农业防治。清洁田园,及时清理枯枝烂叶,在植物根际土壤、杂草等处耕翻,人工消灭老熟幼虫和越冬虫蛹。②物理防治。在成虫羽化期和发生盛期悬挂杀虫灯诱杀;也可用糖醋酒液诱杀成虫,糖、醋、酒、水的配比为3:4:1:2。③药剂防治。参照"芋单线天蛾"。

甘薯天蛾

学名 *Herse convolvuli*（Linnaeus）

别名 甘薯叶天蛾、白薯天蛾、旋花天蛾

甘薯天蛾属鳞翅目天蛾科，主要为害甘薯、牵牛花等旋花科及豆科、茄科等多种作物，分布于浙江、上海、江苏、福建、山东、安徽、河北、内蒙古、四川等地。

▍形态特征

成虫 体长47～50毫米，翅展90～100毫米。头暗灰色，胸部背面灰褐色，有2丛"八"字形鳞片，腹部背面中央有1条较宽的灰黑色纵带，每节两侧顺次有白色、红色和黑色3条横带。前翅灰褐色，有不规则锯齿状及云纹状纹；后翅灰色，有4条黑褐色横纹。

卵 球形，直径2毫米，初产时蓝绿色，孵化前呈黄白色，表面光滑。

幼虫 共5龄，各龄幼虫间体色存在较大变化。初孵幼虫淡黄白色；1～3龄幼虫体黄绿色至青绿色；4～5龄幼虫体色多变，可出现青、黄、绿、红、黑等多种

甘薯天蛾成虫

甘薯天蛾卵

甘薯天蛾低龄幼虫

甘薯天蛾高龄幼虫

甘薯天蛾高龄幼虫

颜色。老熟幼虫体长80~90毫米；头部两侧各有2条黑色条纹；中胸、后胸及第1~8腹节背面有许多环状皱纹，其中中胸有6个，后胸及第1~7腹节有8个；第8腹节有1条光滑且末端下弯的尾角；尾角橙黄色，末端黑色；体侧有7条斜纹。

蛹 长56毫米，红褐色。口器吻状，延伸卷成长椭圆形，环状。

■ 发生特点

浙江及长江中下游地区年发生3~5代，以蛹在土中越冬。次年5月中旬羽化。成虫喜食糖、蜜，具趋光性和趋嫩性，飞行力强。成虫白天潜伏叶阴处，黄昏出来觅食，交尾产卵。卵多散产于叶背或叶柄上，卵期5~6天。初孵幼虫在叶背取食叶肉，3龄后多沿叶缘取食，造成缺刻，食量大时仅剩叶柄，幼虫期7~11天。蜕皮4次后老熟，潜入土中5~30毫米深处化蛹。蛹期14天。

■ 防治要点

①成虫诱杀。在主害代成虫盛发期用杀虫灯或糖醋液诱杀成虫。②田间零星发生时，可在农事操作中进行人工捕杀。③冬季深翻土地，消灭越冬蛹，减少虫源。④药剂防治。掌握在幼虫孵化盛期进行防治，药剂参照"芋单线天蛾"。

甘薯麦蛾

学名 *Brachmia macroscopa* Meyrick

别名 甘薯卷叶虫

甘薯麦蛾属鳞翅目麦蛾科，主要为害甘薯、蕹菜和其他旋花科植物。我国除新疆、宁夏、青海、西藏等地未见报道外，其余各省、自治区都有发生，尤以南方甘薯种植区发生为重。

形态特征

成虫 体长约8毫米，翅展约18毫米，翅宽2.5毫米。黑褐色，头顶与颜面紧贴深褐色鳞片，唇须镰刀形。前翅狭长，锈褐色，具暗褐色混有灰黄色的鳞粉，近中央有白色条纹，中室内有2个眼状纹，其外部灰白色，内部黑褐色，翅外缘具5个横列的小黑点。后翅宽，暗灰白色，缘毛甚长。

甘薯麦蛾成虫

卵 椭圆形，长约0.6毫米，初产乳白色，后变淡黄褐色，表面有细纵横脊纹。

幼虫 共4龄。老熟幼虫体长约15毫米，细长，纺锤形，头稍扁平，黑褐色。前胸背板褐色，两侧黑褐色，呈倒"八"字形纹，背板外白色。中胸至第2腹节背面黑色，但中、后胸及第1、2腹节前侧方均为白色。第3腹节以后各节底色为乳白色，亚背线黑色，第3～6腹节的亚背线有1条黑色向后斜伸的分支。全身有稀疏的长刚毛着生于黑色的圆形小毛片上。

甘薯麦蛾高龄幼虫

甘薯麦蛾老熟幼虫

蛹 头钝尾尖，长约8毫米，黄褐色；全体散生细毛，腹部前4节背面节间有深黄色胶状物，第4～7节背面近后缘处有深黄褐色短小刺毛群；腹末有钩刺8个，环状排列。

甘薯麦蛾蛹

发生特点

浙江及长江中下游地区年发生3～4代，华南地区年发生6～9代，以蛹在田边杂草或残枯叶内越冬。田间发生世代重叠，越冬蛹在5月中下旬羽化，6—9月为发生盛期，10月底左右开始越冬。

成虫有趋光性。羽化后当晚交配，次晚产卵。卵多散产于嫩叶背面的叶脉交叉处，有时也产于新芽、嫩茎上。单头雌蛾平均产卵量在80粒左右，卵期3～7天。幼虫孵化后即取食为害叶片，2～3龄开始吐丝卷叶，在

甘薯麦蛾幼虫为害状

卷叶内取食叶肉,排泄粪便,留下表皮,造成发白点片,后变褐枯萎。严重时仅剩网状叶脉,形成"天窗",后期将叶片吃成孔洞。1条幼虫可转移为害多张叶片。幼虫还能为害嫩茎和嫩梢。幼虫行动活泼,一触即跳跃落地,老熟后在卷叶或土缝中化蛹。

防治要点

①清洁田园。生产中及时清理田间残株败叶,收获后及时处理薯蔓,销毁残株落叶,清除杂草,以消灭越冬虫源。②成虫诱杀。采用甘薯麦蛾性诱剂诱杀成虫。③人工捕杀。初见幼虫卷叶为害时,结合栽培管理,随手捏杀新卷叶中的幼虫。④药剂防治。幼虫发生初期尚未卷叶前,可选用5%普尊(氯虫苯甲酰胺)悬浮剂1000倍液,或10%倍内威(溴氰虫酰胺)可分散油悬浮剂2000倍液,或150克/升凯恩(茚虫威)乳油3500倍液,或10%除尽(虫螨腈)悬浮剂1500倍液,或50克/升美除(虱螨脲)乳油1500倍液,或5%卡死克(氟虫脲)乳油1000~2000倍液,或4.5%高效氯氰菊酯水乳剂1000倍液等喷雾防治。施药时间以16:00~17:00为宜。

棉蚜

学名 Aphis gossypii Glover

别名 瓜蚜、油虫、蜜虫、腻虫

棉蚜属半翅目蚜科，田间常和桃蚜、萝卜蚜等混合发生。除直接为害花椒、石榴、木槿、棉花、瓜类、豆类、茄子、芋、菠菜、葱、梨、杨梅等多种作物外，还能传播病毒病，造成更大为害。在全国各地均有分布。

■ 形态特征

无翅胎生雌蚜 体长1.2～1.9毫米，夏季黄绿色，春、秋季深绿色。腹管黑色或青色，圆筒形，基部稍宽。触角长约为体长的一半，触角第3节无感觉圈，第5节有1个，第6节膨大部有3～4个。复眼暗红色。腹管较短，黑青色。尾片黑色，两侧各具刚毛3根。体表被白蜡粉。

有翅胎生雌蚜 体长1.2～1.9毫米，体黄色、浅绿至深绿色。前胸背板及胸部黑色。腹部背面有2～3对黑斑，1对透明斑。腹管、尾片与无翅胎生雌蚜相同。

卵 长约0.5毫米，圆形，初产时橙黄色，后多为暗绿色，有光泽。

无翅若蚜 共4龄，夏季黄色至黄绿色，春、秋季蓝灰色，复眼红色。

有翅若蚜 共4龄，夏季淡黄色，秋季灰黄色，3龄后现翅芽2对，翅芽后半部为灰黄色。腹部第1、6节的中侧和第2、3、4节两侧各具1个白色圆斑。

■ 发生特点

浙江及长江中下游及华南地区年发生20～30代。以卵在花椒、木槿、鼠李、石榴、蜀葵、夏枯草、车前草、菊花、苦菜、瓜类等越冬寄主上越

棉蚜群集为害芋艿

冬。翌年春季,当5日平均气温达6℃以上时越冬卵开始孵化,在越冬寄主上繁殖2~3代后,于4月底产生有翅胎生雌蚜迁入寄主作物繁殖,为害刚出土的幼苗。5月下旬至6月上旬进入为害高峰期,7月中旬至8月上旬为伏蚜猖獗为害期。秋季寄主作物衰老时,迁回越冬寄主上,产生唯一一代雄蚜,与雌蚜交配后在芽腋处产卵越冬。棉蚜按季节可分为苗蚜和伏蚜。苗蚜发生在出苗到6月底，适应偏低的温度。伏蚜发生在7月中下旬至8月，适应偏高的温度。棉蚜最适繁殖温度为16～22℃，单头雌虫可产若蚜60多头。春、秋季10余天完成一代，夏季4～5天一代，田间世代重叠。有翅蚜对黄色有趋性，对银灰色有负趋性。高温高湿条件和受雨水冲刷，不利于棉蚜生长发育，为害程度减轻。当相对湿度超过75%时，棉蚜的发育和繁殖受抑制。干旱少雨年份发生重。冬季气温高，越冬卵量多，孵化率高，翌年发生重。

◼ 防治要点

①农业防治。前作收获后及时清理田间残株败叶，铲除杂草。菜地周围种植玉米屏障，可阻止蚜虫迁入。②物理防治。使用黄板诱杀有翅蚜，或在田间覆盖银灰膜以驱避蚜虫，每亩用膜5千克。③药剂防治。宜尽早用药，将其控制在点片发生阶段。可选用50克/升英威（双丙环虫酯）可分散液剂1500倍液，或22%特福力（氟啶虫胺腈）悬浮剂1500倍液，或10%倍内威（溴氰虫酰胺）可分散油悬浮剂1500倍液，或10%隆施（氟啶虫酰胺）水分散粒剂1500倍液，或25%阿克泰（噻虫嗪）水分散粒剂8000倍液，或25%吡蚜酮可湿性粉剂1000～1500倍液，或20%呋虫胺可溶粒剂3000倍液，或10%啶虫脒微乳剂2000倍液等喷雾防治。喷雾时喷头向上，重点喷施叶片背面。

专家提醒

棉蚜天敌主要有寄生蜂、螨类、捕食性瓢虫、草蛉、蜘蛛等，其中瓢虫、草蛉控制作用较大。生产上施用杀虫剂不当，杀死天敌过多，会导致伏蚜猖獗为害。应尽量少用广谱性农药，使用对天敌安全的选择性农药，以保护天敌。

玉米蚜

学名 *Rhopalosiphum maidis*（Fitch）
别名 麦蚰、腻虫、蚁虫

玉米蚜属半翅目蚜科，主要为害玉米、甜玉米、高粱、大麦、小麦等作物及狗尾草、马唐等禾本科杂草，全国各地均有分布。

■ 形态特征

无翅孤雌蚜 体长卵形，长1.8~2.2毫米，体色呈淡绿色或墨绿色，被白色薄粉，复眼红褐色，触角、喙、附肢、足、腹管、腹部第7节毛片、尾片均为黑色。触角6节，长0.6~0.7毫米，约为体长的1/3。喙粗短，不达中足基节，端节为基宽的1.7倍。腹部第8节具背中横带，体表有网纹。腹管长圆筒形，具覆瓦状纹，端部收缩。尾片圆锥状，具毛4~5根。

有翅孤雌蚜 体长卵形，长1.6~1.8毫米，翅展5.6毫米，头、胸黑色发亮，腹部黄绿色或墨绿色。触角6节，长约1.2毫米。腹部2~4节各具1对大型缘斑，第6、7节上有背中横带，第8节中带贯通全节。其他特征与无翅孤雌蚜相近。

■ 发生特点

在浙江及长江中下游地区年发生20多代。以孤雌成蚜、若蚜在禾本科植物上越冬。翌年3—4月开始活动为害，4—5月麦类黄熟时产生大量有翅蚜，形成第一次迁飞高峰，迁飞到甜玉米、玉米、高粱、水稻上为害。华北地区5—10月为害严重。

玉米蚜终生营孤雌生殖，虫口数量增加很快，单头雌蚜一生平均可产若蚜45.8头。玉米蚜的发生与气候、食料、作物生育期、天敌和杂草寄

玉米蚜虫群集为害

玉米蚜虫分泌蜜露，诱发煤污病

主等关系密切。在适温高湿（旬平均气温23℃、相对湿度85%左右）环境条件下，正值玉米抽雄、扬花期，最适宜于玉米蚜的孳生繁殖。其天敌种类很多，主要有蜘蛛、瓢虫、食蚜蝇、草蛉、蚜茧蜂、步行虫和寄生菌等。

■ 防治要点

①农业防治。清除田园四周杂草，消灭玉米蚜孳生繁殖基地。②保护利用天敌。在田间天敌较多时期，尽量避免用药防治，或选用对天敌安全的选择性药剂。③药剂防治。根据田间蚜量、天敌数量及气候条件确定防治时期。出现中心有蚜株时进行重点挑治，当有蚜株达30%～40%时进行全面防治。对口药剂选用参照"棉蚜"。

烟粉虱

学名 *Bemisia tabaci*(Gennadius)
别名 棉粉虱、甘薯粉虱

烟粉虱属半翅目粉虱科，是包含有30余个推测隐种的物种复合种。烟粉虱在国内分布已很普遍，全国各省份均有发生。烟粉虱寄主范围相当广泛，寄主植物超过500种。

形态特征

成虫 雌虫体长约0.91毫米，翅展约2.13毫米；雄虫体长约0.85毫米，翅展约1.81毫米。体淡黄白色到白色，双翅白色无斑点，翅面具白色细小蜡粉。前翅脉1条，不分叉，左右翅合拢呈屋脊状，从上往下可隐约看到腹部背面。

烟粉虱成虫

卵 椭圆形，长×宽约0.21毫米×0.096毫米，具光泽；有小柄，长梨形，与叶面垂直。卵柄通过产卵器插入叶表裂缝。卵柄除有附着作用外，在授精时充满原生质，有导入精子的作用。卵不规则散产在叶片背面，初产时淡黄绿色，孵化前颜色加深，为深褐色。

若虫 若虫期变化复杂，除1龄若虫能自由活动外，其余龄期后足退化，固定在原位直到成虫羽化。1龄若虫椭圆形，长×宽约0.27毫米×0.14毫米，有3对发达、4节的足和1对3节的触角，体腹部平，背部微隆起，淡绿色至黄色，腹部透过表皮可见2个黄点。大多2～3天蜕皮进入2龄。在2、3龄时，足和触角退化至仅剩1节，在体缘分泌蜡质，蜡质有帮其附着在叶上的作用。体椭圆形，腹部平，背部微隆起，淡绿色至黄色，2、3龄体长分别约为0.36毫米和0.50毫米。

伪蛹 即4龄（末龄）若虫，形态特征变化多样。蛹壳黄色，长0.6～0.9毫米，有2根尾刚毛，背面有1～7对粗壮的刚毛或无毛。管状孔三角形，长大于宽，孔后端有小瘤状突起，孔内缘具不规则齿。盖瓣半圆形，覆盖孔口约1/2。舌状器明显伸出于盖瓣之外，呈长匙形，末端具2根刚毛。腹沟清楚，由管状孔后通向腹末，其宽度前后相近。

◼ 发生特点

主要在热带、亚热带及相邻的温带地区发生。在适宜的气候条件下，1年发生11～15代，世代重叠。在设施栽培中各种虫态均可越冬，在自然条件下一般以卵或成虫在杂草上越冬。夏天，成虫羽化后1～8小时内交配。秋天、春天羽化后3天内交配。成虫可在植株内或植株间作短距离扩

烟粉虱为害诱发番薯煤污病

散，大范围的苗木、种子调运使其长距离传播，还可借助风力或气流作长距离迁移。暴风雨能抑制其大发生，高温干旱季节发生重。

成虫喜欢无风温暖天气，有趋黄性，气温低于12℃停止发育，14.5℃开始产卵，适宜其生长发育的温度为21～33℃，高于40℃时成虫死亡；相对湿度低于60%时成虫停止产卵或死去。由于该虫繁殖力强，种群数量庞大，几乎每月出现一次种群高峰，每代15～40天。成虫寿命10～24天，产卵期2～18天。单头雌虫平均产卵66～300粒，产卵量依温度、寄主植物和地理种群不同而异。卵多不规则散产于植株中部嫩叶背面（少见叶正面），夏季卵期3天，冬季33天。若虫3龄，龄期9～84天，伪蛹2～8天。

烟粉虱主要以3种方式为害作物：①取食植物汁液，引起植物生理异常。②分泌大量蜜源，严重污染叶片，引起煤污病，严重影响作物光合作用。③传播双生病毒等多种植物病毒，常导致植物病毒病大流行，使作物严重减产甚至绝收。

■ 防治要点

①农业防治。育苗前清除杂草和残留株，彻底杀死残留虫源，培育无虫苗；避免黄瓜、番茄、豆类混栽或与十字花科蔬菜进行换茬，以减轻为害。在设施栽培秋冬茬种植烟粉虱不喜好的半耐性叶菜，如芹菜、生菜、韭菜等，从越冬环节切断其自然生活史。②黄板诱杀成虫。从成虫始盛期开始，每亩设置30个诱杀点，每个点放置1张黄板，诱捕成虫，控制为害。悬挂黄板底边约高于作物冠层10厘米，设施栽培中黄板平面与棚室通风口相垂直，露地栽培中黄板平面与主风向相垂直。③药剂防治。烟粉虱世代重叠严重，繁殖速度快，须在烟粉虱发生早期施药（1～2龄若虫始盛期），药剂可选用22%特福力（氟啶虫胺腈）悬浮剂1500倍液，或10%倍内威（溴氰虫酰胺）可分散油悬浮剂500倍液，或10%隆施（氟啶虫酰胺）水分散粒剂1500倍液，或25%阿克泰（噻虫嗪）水分散粒剂8000倍液等喷雾防治，注意交替用药，以延缓抗药性的产生。

长肩棘缘蝽

学名 *Cletus trigonus*(Thunberg)

长肩棘缘蝽属半翅目缘蝽科，主要为害苋菜、稻、草莓、玉米、大豆等果树及作物，分布在长江流域、江苏、河南、云南、贵州等地。

■ 形态特征

成虫 体长7.5～8.8毫米，宽4～5毫米；触角第1～3节深褐色、等长，第4节黑褐色，末端红褐色。前胸背板前半部色浅，侧角呈细刺状向两侧伸出，不向上翘，黑色，革片内角翅室的白斑清晰。小盾片刻点粗，前

长肩棘缘蝽成虫

足、中足基节各具2个小黑点，后足基节1个，体下色浅，腹部有4个黑点，中间2个小或不明显。

卵 近菱形，初乳白色，后渐变黄，半透明。

若虫 末龄若虫黄褐色，腹部背面有小黑纹，前胸背板侧角向后偏外延伸成针状，翅芽达第3腹节后缘。

发生特点

浙江及长江中下游地区一年发生2～3代，以成虫在枯枝落叶或枯草丛中越冬，翌年3—4月开始产卵，卵多产在叶、穗或茎上。成、若虫刺吸苋菜等汁液或为害浆果，尤喜刺吸嫩芽、嫩茎或嫩叶、花蕾及嫩荚。

防治要点

①结合秋季清洁田园，清除田间杂草，集中处理。②药剂防治。在低龄若虫期，可选用22%特福力（氟啶虫胺腈）悬浮剂1000～1500倍液，或10%吡虫啉可湿性粉剂1500倍液，或4.5%高效氯氰菊酯水乳剂1000倍液等喷雾防治，每隔7～10天施用1次，连续防治2～3次。

甘薯小象甲

学名 *Cylas formicarius*（Fabricius）

别名 甘薯小象虫、甘薯蚁象

甘薯小象甲属鞘翅目象甲科，起源于印度，而后相继传入热带、亚热带的甘薯种植地区，是甘薯生长期和贮藏期的重要害虫，是当前我国长江中下游薯区及南方薯区为害面积最大、对甘薯品质和产量影响最大的害虫。甘薯小象甲寄主范围较窄，主要为害甘薯、蕹菜等旋花科植物，还可为害小牵牛属、山牵牛属、打碗花属、菟丝子属、马蹄金属和腺叶藤属植物，但只能在甘薯、砂藤和登瓜薯上完成其生活史。

形态特征

成虫 体形似蚂蚁，体长约6毫米。刚羽化时呈乳白色，随后变紫色，最后为蓝黑色；全身除触角末节、前胸和足呈橘红色或红褐色外，其余均为蓝黑色，具金属光泽。头部前伸似象鼻，复眼黑色，位于喙基部两侧，突出呈

甘薯小象甲成虫

半球形；触角发达，由10节组成，末节特长，长于其他各节；雄虫触角末节呈长圆筒形，长于其他各节总和，呈棍棒状；雌虫触角末节长卵状，短于其他各节总和，呈鼓槌状。前胸细长，在基部1/3处缢缩成颈状。两鞘翅会合，呈长卵形，显著隆起，明显宽于前胸，表面各具不甚明显的纵刻点列11行。

卵 椭圆形，长约0.6毫米，初产时乳白色，后变至淡黄色，表面散布许多小凹点。在孵化前，卵中可见黑色幼虫头部。

幼虫 幼虫共5龄。体长筒形，两端小，背面隆起，稍向腹侧弯曲。头部淡褐色，胸腹部乳白色至污白色，散生稀疏白色细毛。1龄和5龄幼虫的胸、腹部各节肥粗，无斑纹；2～4龄幼虫的胸、腹部各节较细瘦，背面两侧有淡紫色斑纹。足退化，老熟幼虫体长5.0～8.5毫米。

甘薯小象甲在薯块上的产卵孔

甘薯小象甲幼虫及为害状

蛹 长卵形,长4.7～5.8毫米。初为乳白色,后期呈黄色。复眼淡褐色。管状喙弯贴于腹面,末端伸达胸、腹部交界处。翅芽从体背两侧伸至腹面。腹部较长,近锥形,各节节间缢缩而中央隆起,在背面隆起处各具一横列小突起,其上各着生一细毛;末节具尖而向背侧弯曲的刺突1对,向侧下方伸出。

■ 发生特点

甘薯小象甲发生代数由北到南逐渐增多,重庆年发生3～4代,广西、福建年发生4～6代,广东年发生5～7代,台湾、海南年发生6～8代,世代重叠现象严重。广州和南宁无明显越冬现象,其他地区多以成虫在田间枯藤、石隙、土缝中越冬,偶以成虫、幼虫或蛹在薯块中越冬。

甘薯小象甲的发育、生殖和存活寿命随温度不同而有显著差异。在20～30℃范围内,随温度升高,所需发育时间减少,完成其整个生活史在27～30℃时约需30天,在25℃时为41天,在20℃时需85天。成虫在15℃时寿命最长,且仍可产卵,卵也可发育。

成虫在薯块或薯茎中羽化,羽化后潜伏3～4天才钻出活动。成虫怕烈日,多于清晨或黄昏活动,白天栖息于茎叶茂密处或土缝中和残叶下方;下雨时活动较弱;具假死性,假死时其足伸出。成虫主要取食甘薯茎或薯块表皮组织,并喜食老熟组织,其取食顺序依次为薯块、成熟茎蔓、幼嫩茎蔓。成虫羽化7天后开始交配,交配后2～10天产卵,雌虫受精次数愈多则产卵量愈大。卵主要产于薯块和主茎基部,特别是外露的薯块,约占总产卵量的95%。雌虫产卵时,先在皮层咬一小孔,而后产卵于其中,并用排泄物将洞口封住;多数每孔产1粒卵,偶有2～3粒。单头雌虫平均产卵50～100粒,最多可产150～250粒;产卵期最短为15天,最长可达115天。

幼虫孵化后即在薯块或主茎基部内蛀食,形成弯曲的蛀道,整个幼虫期均生活其中,每条蛀道通常仅居住1头幼虫。一个薯块或藤头的幼虫少则几头,多则上百头。幼虫取食能诱导薯块产生萜类和酚类物质,使薯块产生恶臭变苦,为害严重时整个薯块内只剩下满满的虫粪,但即便轻度为害也能使薯块无法食用或饲用。老熟幼虫在蛀道末端向外蛀食至皮层处咬一圆形羽化孔，然后在羽化孔附近化蛹。

甘薯小象甲的发生与地形存在一定关系，向阳山坡阳光充足，易导致薯垄开裂，有利于甘薯小象甲在薯块表面取食和产卵并越冬，使发生与为害逐年加重。

◆ 防治要点

①严格检疫。对调运的种薯或薯苗严格执行植物检疫工作。②合理轮作。提倡与玉米、大豆等作物进行轮作种植，有条件的地方宜与水稻等进行水旱轮作。③加强管理。选用无虫种薯及抗虫品种、增施氮肥、轮作、及时灌溉、田园清洁和提早收获等。④药剂防治。育苗地在栽种种薯时每亩均匀撒施0.4%科得拉（氯虫苯甲酰胺）颗粒剂2～3千克再覆土。生产地视当地虫情而定，可在薯苗扦插后即每亩均匀撒施0.4%科得拉（氯虫苯甲酰胺）颗粒剂2～3千克，也可在薯苗扦插活棵后选用10%倍内威（溴氰虫酰胺）可分散油悬浮剂750倍液，或5%普尊（氯虫苯甲酰胺）悬浮剂1000倍液，或45%杀螟硫磷乳油300倍液等喷雾防治。

专家提醒

甘薯小象甲寄主范围较窄，主要为害甘薯、蕹菜等旋花科植物，且成虫飞翔能力较差，多为短距离飞行或爬行，扩散范围有限，因此，因地制宜地与花生、玉米、高粱、大豆等作物进行轮作，可抑制该虫的发生；具备灌水条件的地方，提倡与水稻等进行水旱轮作，效果更为显著。

马铃薯瓢虫

学名 *Henosepilachna vigintioctomaculata* Motschulsky

别名 二十八星瓢虫

马铃薯瓢虫属鞘翅目瓢虫科,主要为害马铃薯、茄子、青椒、豆类、瓜类、玉米、白菜等作物,分布广泛。

◼ 形态特征

成虫 半球形,体长7～8毫米,赤褐色,密披黄褐色细毛。前胸背板前缘凹陷而前缘角突出,中央有1个较大的剑状斑纹,两侧各有2个黑色小斑,有时合成1个。两鞘翅上各有14个黑斑,鞘翅基部3个黑斑和后方的4个黑斑不在一条直线上,两鞘翅合缝处有1～2对黑斑相连。

卵 长约1.4毫米,纵立,鲜黄色,有纵纹。

幼虫 长椭圆状,体长约9毫米,淡黄褐色,背面隆起,各节具黑色枝刺。

马铃薯瓢虫成虫

马铃薯瓢虫卵

马铃薯瓢虫幼虫及预蛹

马铃薯瓢虫蛹

蛹 椭圆形,长约6毫米,淡黄色,背面有稀疏细毛及黑色斑纹,尾端包着末龄幼虫的蜕皮。

▎发生特点

浙江及长江中下游地区年发生3~4代,以成虫群集在发生地附近背风向阳的石缝、土穴及树皮、屋檐、篱笆等各种缝隙中越冬。越冬成虫5月开始活动,为害马铃薯或苗床中的茄子、番茄、青椒。6月上中旬为产卵盛期,6月下旬至7月上旬为第1代幼虫为害期,7月中下旬为化蛹盛期,7月底、8月初为第1代成虫羽化盛期,8月中旬为第2代幼虫为害盛期,8月下旬开始化蛹,羽化的成虫自9月中旬开始寻找越冬场所,10月上旬开始越冬。

成虫、若虫取食叶片、果实和嫩茎,被害叶片仅留叶脉及上表皮,形成许多不规则形透明的凹纹,后变为褐色斑痕,斑痕过多时会导致叶片枯萎;被害果实被啃食形成许多凹纹,逐渐变硬,并有苦味,失去商品价值。成虫早晚静伏,白天觅食、迁移、交配、产卵,尤以10:00~16:00最为活跃,午前多在叶背取食,16:00后转向叶面取食。越冬成虫多产卵于马铃薯苗基部叶背，20～30粒靠近在一起。越冬代单头雌虫可产卵400粒左右，第1代单头雌虫产卵240粒左右。成虫、幼虫都有残食同种卵的习性。成虫假死性强，并可分泌黄色黏液。

防治要点

①人工捕杀。利用成虫假死性，于大发生时早晚敲打植株，收集后集中消灭。在幼虫孵出前人工摘除卵块，集中处理，减少害虫数量。②成虫诱杀。在主害代成虫盛发期用杀虫灯诱杀成虫。③冬季深翻土地，消灭越冬蛹，减少虫源。④药剂防治。在幼虫孵化盛期至分散前，可选用4.5%高效氯氰菊酯水乳剂1000倍液，或2.5%敌杀死（溴氰菊酯）乳油3000倍液，或2.5%氯氟氰菊酯乳油2000倍液，或10%氯氰菊酯乳油1500～2000倍液等喷雾防治，重点喷洒叶背面。

马铃薯瓢虫为害状

茄二十八星瓢虫

学名 *Henosepilachna vigintioctopunctata*(Fabricius)
别名 酸浆瓢虫

茄二十八星瓢虫属鞘翅目瓢虫科,为害茄科、葫芦科、豆科和十字花科等蔬菜,以茄科蔬菜受害最重。主要分布在我国东南部地区,华中、华北地区也时有发生。

■ 形态特征

成虫 半球形,体长5.5~6.5毫米,黄褐色,体表密生黄色细毛。前胸背板上有6个黑斑,每侧各2个,中央2个;中央黑斑前后排列,前斑大,横形,有时可分为2个;后斑圆形或纵长,与前斑相接。每个鞘翅上有

茄二十八星瓢虫成虫

14个黑斑，鞘翅基部3个黑斑和后方的4个黑斑几乎在一条直线上，鞘翅会合时，两鞘翅上黑斑不相接。

卵 弹头形，长约1.3毫米，初产时鲜黄色，后渐变为黄褐色，卵粒排列较紧密。

幼虫 老熟幼虫体长约7毫米。低龄幼虫淡黄色，后变白色。体表多白色枝刺，枝刺基部有黑褐色环纹。

茄二十八星瓢虫卵

蛹 椭圆形，长约5.5毫米，黄白色，背面有黑色斑纹，尾端包着末龄幼虫的蜕皮。

发生特点

在长江以南地区发生较多，广东年发生5代，无越冬现象，每年以5月发生数量多，为害较重。北方地区多在夏、秋季发生为害。成虫白天活动，具假死性和自残性。雌成虫将卵块产于叶背。初孵幼虫群集为害，稍大后分散。成虫和幼虫嗜食叶肉，残留上表皮呈网状，严重时全叶食尽。此外，还嗜食瓜果表面，受害部位变硬，带有苦味，影响产量和品质。老熟幼虫在植株中、下部或枯叶中化蛹。卵期5～6天，幼虫期15～25天，蛹期4～15天，成虫寿命25～60天。

防治要点

参照"马铃薯瓢虫"。

马铃薯甲虫

学名 *Leptinotarsa decemlineata* (Say)
别名 蔬菜花斑虫、马铃薯叶甲

马铃薯甲虫属鞘翅目叶甲科,是我国植物检疫对象,世界著名的毁灭性害虫。主要为害马铃薯、番茄、茄子、辣椒、烟草等茄科植物。

形态特征

成虫 椭圆形,雌虫体长9~11毫米,雄虫比雌虫小;背面隆起,雄虫背面比雌虫稍平;体色黄色至橙黄色;头部宽,有3个黑色斑点;眼肾形,黑色;触角11节,细长达前胸后角,第1节粗且长,第2节较第3节短,第

马铃薯甲虫成虫

1～6节黄色，第7～11节黑色；前胸背板有黑色斑点10多个，中间2个大，两侧各生大小不等的斑点4～5个；腹部每节有斑点4个；鞘翅上各有5条黑色纵纹。

卵 椭圆形，长约2毫米，多个排成块。

马铃薯甲虫卵

马铃薯甲虫群集为害

幼虫 体暗红色。腹部膨胀，明显隆起；头两侧各具瘤状小眼6个和短触角1个；触角共3节，稍可伸缩。

蛹 椭圆形，长9~12毫米，宽6~8毫米，橘黄色或淡红色。

发生特点

在新疆年发生1~3代，以成虫在土壤内越冬，翌年土温回升到14~15℃时，成虫出土活动，一般5月上中旬出土，随后转移至野生寄主取食。适宜生长发育温度为25~33℃。经补充营养后开始交尾，单头雌虫平均产卵400粒，以卵块状产于叶背面，每卵块有卵20~60粒，产卵期长达2个月。卵历期5~7天，初孵幼虫取食叶片。幼虫期约15~35天，因环境条件而异。4龄幼虫进入暴食期，占总食量77%；老熟后入土化蛹，蛹期7~10天；羽化后出土继续为害。马铃薯甲虫适应能力强，一旦种群失控，成虫、幼虫为害马铃薯叶片和嫩尖，可把马铃薯叶片吃光，尤其是在马铃薯始花期至薯块形成期为害，对产量影响最大，严重时甚至绝收。多雨年份发生轻。马铃薯甲虫以人为传播为主，来自疫区的薯块及包装材料和运输工具，均有可能携带此虫。越冬成虫出土后，若遇大风，也可扩散到其他地区。

防治要点

①加强检疫，严防人为传入，一旦传入要及早铲除。②采用与非寄主作物轮作、种植早熟品种等农业措施，控制发生密度。③药剂防治。参照"马铃薯瓢虫"。

斑青花金龟

学名 *Gametis bealiae*（Gory et Percheron）

别名 斑青花潜

斑青花金龟属鞘翅目花金龟科，主要为害草莓、茄子、苹果、梨、柑橘、罗汉果、棉花、玉米、粟等多种作物的花器，分布在浙江、江苏、江西、福建、广东、广西、云南、贵州、四川、湖南、山西、西藏等省、自治区。

形态特征

成虫 倒卵圆形，体长11.7～14.4毫米，宽6.8～8.2毫米，体表无毛，密布点刻。头黑色，唇基前缘中部深陷；前胸背板半椭圆形，前窄后宽，栗褐色至橘黄色，两侧具有斜阔暗古铜色大斑各1个，大斑中央具小白绒斑1个；背面绿色至暗绿色；腹面黑褐色，具光泽；鞘翅暗青铜色，狭长，基部最宽，后方略收狭，中段具茶黄色近方形大斑1个，两翅上的黄褐斑构成较宽的倒"八"字形，在黄褐斑外缘下角垫有1个楔形黄斑，端部具3个小白绒斑。

卵 椭圆形，长约1.5毫米，宽约1毫米，初产时乳白色，后渐变为淡黄色。

幼虫 老熟幼虫体长约30毫米，头宽约3毫米，体乳白色。头部棕褐色或暗褐色，上额黑褐色，前顶、额中、额前旁侧各具1根刚毛。臀节肛腹片后部生长短刺状刚毛，覆毛区具1尖刺列。

蛹 长约14毫米，初淡黄白色，后变为橙黄色。

发生特点

年发生1代，北方以幼虫越冬，江浙一带以幼虫、蛹及成虫越冬。翌年4月上旬越冬成虫出土活动，4月下旬至6月盛发；以末龄幼虫越冬的，于5—9月陆续羽化出土，雨后出土多，安徽8月下旬成虫发生数量多；于10月下旬终见。

斑青花金龟为害玉米

成虫飞行力强，具假死性。夜间入土或在树上潜伏，白天出来活动，活动最盛时段在春季的10:00—15:00和夏季的8:00—12:00及14:00—17:00，在风雨天或低温时常栖息在花上不动。成虫喜食花器，随寄主开花早迟而转移为害，多群聚在寄主花器上，为害寄主的花瓣、花蕊、芽及嫩叶，导致大量落花。成虫经取食后交尾、产卵，卵喜散产于腐殖质多的土壤、杂草或落叶下。幼虫孵化后以腐殖质为食，长大后为害根部，老熟后化蛹于浅土层中。

防治要点

①人工捕杀。在春季蔬菜、草莓等作物开花期进行人工捕杀。②药剂防治。成虫盛发期，在活动高峰时段喷药杀灭，药剂参照"马铃薯瓢虫"。也可在防治其他害虫时兼治。

甘薯小绿龟甲

学名 Taiwania circumdata Herbst

别名 甘薯台龟甲、甘薯小龟甲、甘薯青绿龟甲、龟形金花虫

甘薯小绿龟甲属鞘翅目龟甲科，主要为害甘薯、蕹菜及其他旋花科植物，分布于浙江、江苏、江西、福建、台湾、广东、广西、湖北、湖南、四川、云南等省、自治区。

形态特征

成虫 半圆球形，体背拱隆，体长4.2～5.6毫米。体色黄绿色至青绿色，具金属光泽。前胸背板、两鞘翅四周全向外延伸成"龟壳"状，延伸部分具网状纹。前胸背板后方中央有2条紧靠或合并成1条的黑斑纹，鞘翅背面隆起处边缘有1黑色至黑褐色"V"字形斑；中缝处有一纵纹，粗细不等，有的消失。触角11节，浅绿色，有的末端2～3节黑褐色，向后伸过鞘翅肩角处。

甘薯小绿龟甲成虫

卵 长椭圆形，长约1毫米，深绿色。

幼虫 共分5龄。长椭圆形，老熟时体长5毫米，幼虫体背中间隆起。虫体四周具棘刺16对，前边2个同生在一个瘤上，后边2个很长，为其余棘刺2倍。有1对尾须。

蛹 扁长方形，长约5毫米，浅绿色，头部隐蔽在前胸背板下。前胸背板大，四周生有小刺，其第1～5腹节两侧具一扁平大棘突。

甘薯小绿龟甲幼虫

发生特点

浙江一年发生4代，江西、湖南4～5代，四川5代，福建6代，广东5～6代，以成虫在杂草、枯叶下、石缝或土缝中越冬。浙江地区以每年6月中下旬至8月中下旬为为害高峰。气温达14℃以上时，越冬代成虫到甘薯苗上为害，成虫、幼虫均取食甘薯叶片成缺刻或孔洞。5月中下旬繁殖第1代，各代成虫盛发期如下：第1代在6月下旬至7月上旬，第2代在7月下旬，第3代在8月中下旬，第4代在9月下旬至10月上旬，10月下旬至11月中旬开始越冬。成虫寿命长，在浙江第1～4代分别为29天、63天、74天、181天。羽化1～2天后开始取食，一周后交尾产卵。卵散产于叶脉附近，单头雌成虫产卵量为497～697粒，少者35粒，最多的可达2315粒。产卵期也长，在福建晋江达6～103天。幼虫老熟后于薯叶荫蔽处不食不动，经1～2天后，尾部黏附在叶背面化蛹，蛹期5～9天。

防治要点

①清洁田园。甘薯收获后及时清除田间茎蔓落叶和田边杂草，消灭部分越冬虫源。②药剂防治。成虫盛发期，在黄昏时喷药防治，药剂参照"马铃薯瓢虫"。

短额负蝗

学名 *Atractomorpha sinensis* Bolivar

别名 中华负蝗、尖头蚱蜢

短额负蝗属直翅目锥头蝗科，主要为害豆类、白菜、甘蓝、萝卜、茄子、马铃薯、玉米、甘薯、甘蔗、烟草、棉花、麻类、水稻、小麦等多种作物，全国各地均有分布，长城以南地区密度较大。

■ 形态特征

成虫 体长20～30毫米，头至翅端长30～48毫米，虫体绿色（夏型）或褐色（冬型）。头呈长锥形，尖端着生1对触角，粗短、剑状。夏型的成虫

短额负蝗成虫

短额负蝗若虫

自复眼后下方沿前胸背板侧面的底缘有略呈淡红色的纵条纹,体表有浅黄色瘤状突起。前翅狭长,超过后足腿节顶端部分长度,为全翅长的1/3,顶端较尖;后翅短于前翅,基部红色。

卵 长椭圆形,长2.9～3.8毫米,黄褐色至深黄色,中间稍凹陷,一端较粗钝,卵壳表面有鱼鳞状花纹。卵粒倾斜排列成3～5行的卵块,卵囊由胶丝裹成。

若虫 又称蝗蝻,共5龄。形态基本同成虫,翅芽由发育不全逐步

短额负蝗为害甘薯

过渡到发育健全。1龄若虫体长3～5毫米，体色草绿稍带黄，前、中足褐色，有棕色环若干，2龄后体色渐转绿色。

发生特点

短额负蝗以我国东部地区发生居多。在浙江及长江中下游地区、华北等地年发生1代，以卵在沟边土中越冬。常年在5月中下旬至6月中旬前后为孵化盛期，7—8月发育羽化为成虫，10月左右产卵越冬。

成虫、若虫喜白天活动，一般在地面植被多、湿度大、双子叶植物茂密的环境中生活，尤在沟渠两侧发生偏多。成虫寿命长达30天以上。单头雌虫可产卵150～350粒，卵呈块状。初孵若虫先取食幼嫩杂草，3龄后扩散为害绿叶蔬菜及豆科等作物。干旱年份发生严重。若虫在叶背剥食叶肉，低龄时留下表皮，高龄若虫和成虫将叶片咬成缺刻或洞孔，不仅影响植物的光合作用及植物生长，而且还传播细菌性软腐病。

防治要点

①农业防治。在春、秋季节铲除田埂、地边5厘米以上的土块及杂草，晒干或冻死卵块，或重新加厚田埂，使孵化后的蝗蝻不能出土。利用冬闲深耕晒垡，减少越冬虫卵。②生物防治。保护利用青蛙、蟾蜍等捕食性天敌。③药剂防治。发生较重年份，7月初至7月中下旬初孵蝗蝻在田埂、渠堰集中为害双子叶杂草时，可选用4.5%高效氯氰菊酯水乳剂1000倍液，或22%阿立卡（噻虫·高氯氟）微囊悬浮-悬浮剂6000倍液，或14%福奇（氯虫·高氯氟）微囊悬浮-悬浮剂2000～2500倍液，或300克/升度锐（氯虫·噻虫嗪）悬浮剂2000倍液，或50克/升百事达（顺式氯氰菊酯）乳油2000倍液等喷雾防治，视虫情每隔10天防治1次。

中华稻蝗

学名 *Oxya chinensis*（Thunberg）
别名 中华蝗

中华稻蝗属直翅目蝗科，主要为害茭白、玉米及豆科、旋花科、茄科等多种蔬菜。在我国南北各地均有分布，以浙江及长江中下游地区和黄淮地区发生为重。

形态特征

成虫 雄虫体长15～33毫米，雌虫20～40毫米。体色有黄绿色、褐绿色、黄褐色、绿色等，具光泽。头宽大、卵圆形，复眼卵圆形。触角丝状，从头顶向前伸。颜面隆起宽，两侧在复眼后方各有1条黑褐色纵带，经

中华稻蝗成虫

前胸背板两侧直达前翅基部。前胸腹板有1个锥形瘤状突起。前翅长度超过后足腿节末端。

卵 长圆筒形，长约3.5毫米，宽约1毫米，中央略弯。具褐色胶质卵囊，卵粒在卵囊内斜排2纵行，卵粒间有深褐色的胶质物相隔。卵囊茄果形，前平后钝，长9～14毫米，宽6～10毫米。

若虫 又称蝗蝻，一般5～6龄，少数7龄。1龄若虫体长约7毫米，灰绿色有光泽，头大，触角13节，无翅芽。2龄后体形渐大，前胸背板中央渐向后突出，体绿色至黄褐色，头、胸两侧黑色纵纹明显。3龄时翅芽出现，逐龄增大，至第5龄时向背面翻折，第6龄时可伸达第3腹节，并掩盖腹部听器的大部分；触角节数也逐龄增加，至末龄时有23～29节不等。

■ 发生特点

中华稻蝗在浙江、上海、江苏以北地区年发生1代。各地均以卵在田埂及其附近荒草地的土中或杂草根际等处越冬。越冬卵于翌年5月中下旬至6月中旬孵化，卵期长达6个月左右。7—9月是为害发生盛期，10月前后产卵越冬。

成虫日出活动，夜晚闷热时有扑灯习性。喜在早晨羽化，羽化后15～45天、产卵前期25～65天开始交配，一生可交配多次。卵成块产于低湿、有草丛、向阳、土质较松的田间草地或田埂等处，卵囊入土深度为2～3厘米，每个卵囊平均有卵10～20粒。单头雌虫产卵1～3块，100～250粒。若虫初孵时多集中在田埂或路边幼嫩杂草上；3龄起开始扩散至各类蔬菜上取食为害，食量渐增；4龄起食量大增；至成虫时食量最大，常造成蔬菜叶片缺刻，严重时仅剩主脉。

■ 防治要点

①农业防治。田埂、地头、渠旁耕翻土壤杀灭蝗卵，压低发生基数。②生物防治。保护利用青蛙、蟾蜍、鸟类等捕食性天敌，抑制发生数量。③药剂防治。参照"短额负蝗"。

笨 蝗

学名 *Haplotropis braunneriana* Saussure

别名 秃蚂蚱、驼蚂蚱

笨蝗属直翅目蝗科笨蝗属,广泛分布于我国各地,食性杂,对玉米、高粱、豆类、甘薯和瓜类均能造成一定的为害。

形态特征

成虫 体暗褐色,头短于前胸背板,颜面稍倾斜,颜面隆起在中单眼附近略低凹、头顶宽短,中央低凹、呈四角形,侧缘明显隆起;触角丝状;复眼卵形,纵径为横径的1.2倍,下有宽大的白色竖带纹;前胸背板中隆起呈片状,上缘弧形中有横沟,前后

笨蝗成虫

缘中央呈角状突出,侧隆线位于侧面中部,前上方有白色花斑,下面中央亦有白色斑纹;中胸复板侧叶间中隔梯形;前翅鳞片状,倒置,顶端超过第1腹节后缘;后足股节粗短,上隆线光滑,上方有3个暗色斑。

卵 卵粒长约8毫米,直径约2毫米,末端有两道缢痕呈帽状。卵粒平行直立排列为卵块,块无胶质部,结构紧密,每块卵有卵2~3粒,多的8~15粒,呈粗筒形,少见散产卵、单卵粒。

若虫 若虫又称为蝗蝻。共5龄。1~3龄无翅芽,雌雄个体间差异很小,从第4龄起开始长出小翅芽,雌雄间体长、体色、花纹等差异随时间越来越明显,大多呈土黄、暗褐、奶油色。

笨蝗若虫

■ **发生特点**

笨蝗每年发生1代,以卵越冬。3月中旬至4月上旬气温在8℃以上时越冬卵开始孵化,3月下旬为孵化盛期,历时20~30天。笨蝗主要栖息于山丘地区旱生草坡地,林缘及林中光斑地。旱生草灌丛中也有栖息,但多见于向阳温暖的南坡,阴湿的北坡极为少见。笨蝗可由野生草灌丛侵入附近农田。

笨蝗不会飞翔,不善跳跃,行动迟缓。蝗蝻3龄期和春播作物出苗基本吻合,即春苗刚出土就遭到笨蝗的为害。蝗蝻先把刚出土的子叶咬成缺刻,而后取食嫩茎,重灾田往往是一片光秃。

■ **防治要点**

①农业防治。秋季耕翻笨蝗产卵适生环境,耕翻10~20厘米,把蝗卵埋到深层,从而使其不能孵化。②药剂防治。参照"短额负蝗"。

朱砂叶螨

学名 *Tetranychus cinnabarinus*（Boisduval）
别名 红蜘蛛、棉红蜘蛛、棉叶螨、红叶螨

朱砂叶螨属绒螨目叶螨科，主要为害玉米、高粱、芋、豇豆、大豆、菜豆、番茄、茄子、黄瓜、葱、蒜、棉花、向日葵、葡萄、柑橘、枣、桑树等多种作物，全国各地均有分布。田间朱砂叶螨通常和截形叶螨、二斑叶螨2个近似种混合发生。

■ 形态特征

成螨 椭圆形，体色常随寄主植物而异，多为锈红色或深红色。雄螨体色比雌螨稍浅，均有足4对，无爪，足和体背有长毛。雌螨体长约0.48毫米，宽约0.31毫米，体背两侧各有1个黑褐色长斑，有时长斑合成前后2个；雄螨体小，长约0.36毫米，宽约0.2毫米，头胸部前端近圆形，腹末稍尖，阳具弯向背面、端部膨大，形成端锤。

卵 圆球形，长约0.13毫米，有光泽。初产时无色透明，后渐变为浅黄色至深黄色，孵化前转为微红。

幼螨 初孵时近圆形，色泽透明，长约0.15毫米，足3对。取食后体色变暗绿。

若螨 分前若螨期和后若螨期。体长约0.21毫米，足4对。体形及体色与成螨相似，体侧出现明显的块状色斑，但个体较小。

■ 发生特点

在华北等地年发生12～15代，浙江及长江中下游地区18～20代，华南地区为20代以上，世代重叠严重。在华北地区，以雌成螨在向阳处的枯枝落叶及土缝中越冬；在华中地区以各种虫态在杂草及树皮缝中越冬；在四川以雌成螨在杂草或豌豆、蚕豆等作物上越冬；在浙江及长江中下游地区以雌成螨和卵在寄主作物枯枝落叶内或土缝中、杂草丛中、树皮缝中越冬。

朱砂叶螨在芋叶背面群集为害

朱砂叶螨为害玉米

朱砂叶螨的发育起点温度为7.7～8.5℃，翌年春季气温达10℃以上时，越冬雌成螨开始活动和繁衍。在浙江及长江中下游地区，3—4月先在杂草或其他寄主植物上取食，多于4月下旬至5月上中旬迁入菜田，6—8月是为害高峰期，10月中下旬开始越冬。

朱砂叶螨以两性生殖为主，成螨羽化后即交配，一生可多次交配，第2天就可产卵。单头雌成虫产卵50～110粒，多单产于叶背，受精卵发育成雌螨或雄螨。也可营孤雌生殖，其后代全为雄性。卵的发育历期在24℃为3～4天，29℃为2～3天；幼螨和若螨发育历期为5～11天，成螨寿命为19～29天。朱砂叶螨在田间先点片为害下部叶片，而后向上蔓延，叶片愈老受害愈重。繁殖数量过多时，常在叶端群集成团，而后爬行或垂丝下坠借助风力扩散。朱砂叶螨以成螨、若螨在叶背刺吸植物汁液，发生量大时叶片灰白，生长停滞，并在植物上结成丝网。严重发生时可导致叶片枯焦脱落，呈火烧状。

朱砂叶螨生长发育的最适温度为25～30℃，最适相对湿度为35%～55%。当温度达30℃以上，相对湿度超过70%时，则不利于其繁殖。暴雨对虫口密度也有较好的抑制作用。该虫在高温低湿的6—7月为害较重，尤其在干旱年份更容易发生。植株叶片愈老，含氮越高，朱砂叶螨也越多；粗放管理或植株长势衰弱，为害加重。

防治要点

①清除田间枯枝落叶和杂草，并耕作、整理土地，以减少越冬虫源。②利用天敌，如深点食螨瓢虫、七星瓢虫、异色瓢虫、食螨瘿蚊、小花蝽、中华草蛉等控制螨害。③药剂防治。在成螨和若螨始盛期，可选用20%金满枝（丁氟螨酯）悬浮剂2000倍液，或43%爱卡螨（联苯肼酯）悬浮剂3000倍液，或95克/升螨即死（喹螨醚）乳油2000～3000倍液，或110克/升来福禄（乙螨唑）悬浮剂3000倍液，或240克/升螨危（螺螨酯）悬浮剂4000倍液，或30%宝卓（乙唑螨腈）悬浮剂3000倍液，或30%满肃静（腈吡螨酯）悬浮剂2000倍液等喷雾防治。

附 录

一、蔬菜作物禁（限）用的农药品种*

主要用途	中文通用名	禁用原因
杀虫剂/ 杀螨剂/ 杀线虫剂	苯线磷、地虫硫磷、对硫磷、甲胺磷、甲基对硫磷、甲基硫环磷、久效磷、磷胺、特丁硫磷、蝇毒磷、治螟磷、甲拌磷、甲基异柳磷、硫环磷、氯唑磷、内吸磷、硫线磷、水胺硫磷、氧乐果、克百威、涕灭威、灭多威、灭线磷、杀扑磷	高毒
	艾氏剂、滴滴涕、狄氏剂、毒杀芬、林丹、硫丹、六六六	高残留，持久有机污染
	杀虫脒	慢性毒性、致癌
	氟虫腈、氟虫胺	对蜜蜂、水生生物等剧毒
	三唑磷、毒死蜱	农药残留超标风险高
	乐果、乙酰甲胺磷、丁硫克百威	代谢产物高毒高残留
	三氯杀螨醇	工业品种含有一定数量的滴滴涕
杀菌剂	敌枯双	致畸
	福美肿、福美甲肿、汞制剂、砷类、铅类	重金属残留、残毒
	硫酸链霉素	生物富集风险
除草剂	胺苯磺隆、甲磺隆、氯磺隆	残效期长，易药害
	百草枯	高毒且无特效解毒剂
	除草醚	致癌、致畸、致突变

续 表

主要用途	中文通用名	禁用原因
除草剂	2,4-滴丁酯	易药害,对水生生物高毒
杀鼠剂	氟乙酰胺、氟乙酸钠、毒鼠硅、毒鼠强、甘氟	剧毒
杀鼠剂	磷化钙、磷化镁、磷化锌	高毒,易燃易爆
熏蒸剂	二溴乙烷、二溴氯丙烷、溴甲烷	致癌、致畸
熏蒸剂	氯化苦	高残留

注:*根据《斯德哥尔摩公约》和农业农村部相关公告等整理汇总。根据《中华人民共和国食品安全法》《农药管理条例》等相关法律法规的规定,任何剧毒、高毒农药不得用于瓜果蔬菜生产。

二、芋薯类蔬菜农药残留最大限量标准

农药名称	主要用途	最大残留限量/(毫克/千克)	农药名称	主要用途	最大残留限量/(毫克/千克)
胺苯磺隆	除草剂	0.01	杀螟硫磷	杀虫剂	0.5
百草枯	除草剂	0.05*	杀扑磷	杀虫剂	0.05
草枯醚	除草剂	0.01*	水胺硫磷	杀虫剂	0.05
草芽畏	除草剂	0.01*	特丁硫磷	杀虫剂	0.01*
氟除草醚	除草剂	0.01*	烯虫炔酯	杀虫剂	0.01*
甲磺隆	除草剂	0.01	烯虫乙酯	杀虫剂	0.01*
氯磺隆	除草剂	0.01	辛硫磷	杀虫剂	0.05
氯酞酸	除草剂	0.01*	氧乐果	杀虫剂	0.02
氯酞酸甲酯	除草剂	0.01	乙酰甲胺磷	杀虫剂	0.02
茅草枯	除草剂	0.01*	蝇毒磷	杀虫剂	0.05
灭草环	除草剂	0.05*	治螟磷	杀虫剂	0.01
特乐酚	除草剂	0.01*	艾氏剂	杀虫剂	0.05

续 表

农药名称	主要用途	最大残留限量/(毫克/千克)	农药名称	主要用途	最大残留限量/(毫克/千克)
抑草蓬	除草剂	0.05*	狄氏剂	杀虫剂	0.05
茚草酮	除草剂	0.01*	毒杀芬	杀虫剂	0.05*
联苯菊酯	杀虫/杀螨剂	0.05	六六六	杀虫剂	0.05
内吸磷	杀虫/杀螨剂	0.02	氯丹	杀虫剂	0.02
甲基毒死蜱	杀虫剂	5*	灭蚁灵	杀虫剂	0.01
磷化铝	杀虫剂	0.05	七氯	杀虫剂	0.02
巴毒磷	杀虫剂	0.02*	异狄氏剂	杀虫剂	0.05
倍硫磷	杀虫剂	0.05	涕灭威	杀虫剂	0.03
苯线磷	杀虫剂	0.02	甲基异柳磷	杀虫剂	0.01*
丙酯杀螨醇	杀虫剂	0.02*	乐果	杀虫剂	0.01
地虫硫磷	杀虫剂	0.01	甲萘威	杀虫剂	1
丁硫克百威	杀虫剂	0.01	滴滴涕	杀虫剂	0.05
毒虫畏	杀虫剂	0.01	甲胺磷	杀虫剂	0.05
毒死蜱	杀虫剂	0.02	除虫菊素	杀虫剂	0.05
对硫磷	杀虫剂	0.01	氯菊酯	杀虫剂	1
二溴磷	杀虫剂	0.01*	氯虫苯甲酰胺	杀虫剂	0.02*
氟虫腈	杀虫剂	0.02	敌百虫	杀虫剂	0.2
庚烯磷	杀虫剂	0.01*	敌敌畏	杀虫剂	0.2
甲拌磷	杀虫剂	0.01	氯氟氰菊酯和高效氯氟氰菊酯	杀虫剂	0.01
甲基对硫磷	杀虫剂	0.02	甲基毒死蜱	杀虫剂	5*
甲基硫环磷	杀虫剂	0.03*	磷化铝	熏蒸剂	0.05
甲氧滴滴涕	杀虫剂	0.01	戊硝酚	杀虫/除草剂	0.01*
久效磷	杀虫剂	0.03	速灭磷	杀虫/杀螨剂	0.01

续 表

农药名称	主要用途	最大残留限量/(毫克/千克)	农药名称	主要用途	最大残留限量/(毫克/千克)
抗蚜威	杀虫剂	0.05	毒菌酚	杀菌剂	0.01*
克百威	杀虫剂	0.02	氯苯甲醚	杀菌剂	0.01
磷胺	杀虫剂	0.05	格螨酯	杀螨剂	0.01*
硫丹	杀虫剂	0.05	环螨酯	杀螨剂	0.01*
硫环磷	杀虫剂	0.03	灭螨醌	杀螨剂	0.01
硫线磷	杀虫剂	0.02	三氯杀螨醇	杀螨剂	0.01
氯氰菊酯和高效氯氰菊酯	杀虫剂	0.01	乙酯杀螨醇	杀螨剂	0.01
氯唑磷	杀虫剂	0.01	消螨酚	杀螨/杀虫剂	0.01*
灭多威	杀虫剂	0.2	乐杀螨	杀螨/杀菌剂	0.05*
三唑磷	杀虫剂	0.05	灭线磷	杀线虫剂	0.02
杀虫脒	杀虫剂	0.01	溴甲烷	熏蒸剂	0.02*
杀虫畏	杀虫剂	0.01	增效醚	增效剂	0.5

注：摘自《食品安全国家标准　食品中农药最大残留限量》(GB 2763—2021及GB 2763.1—2022)，其中*表示该限量为临时限量(下同)。

三、芋农药残留最大限量标准

农药名称	主要用途	最大残留限量/(毫克/千克)	农药名称	主要用途	最大残留限量/(毫克/千克)
氟啶脲	杀虫剂	0.1	吡唑醚菌酯	杀菌剂	0.05
甲氨基阿维菌素苯甲酸盐	杀虫剂	0.02	嘧菌酯	杀菌剂	0.2
马拉硫磷	杀虫剂	8	噻唑锌	杀菌剂	0.2*
溴氰菊酯	杀虫剂	0.2	噻森铜	杀菌剂	0.2*
烯酰吗啉	杀菌剂	10			

四、马铃薯农药残留最大限量标准

农药名称	主要用途	最大残留限量/(毫克/千克)	农药名称	主要用途	最大残留限量/(毫克/千克)
2,4-滴和2,4-滴钠盐	除草剂	0.2	丙硫菌唑	杀菌剂	0.02*
吡氟禾草灵和精吡氟禾草灵	除草剂	0.6	丙森锌	杀菌剂	0.5
丙炔噁草酮	除草剂	0.02*	春雷霉素	杀菌剂	0.2*
丙炔氟草胺	除草剂	0.02	代森联	杀菌剂	0.5
草铵膦	除草剂	0.1*	代森锰锌	杀菌剂	0.5
敌草快	除草剂	0.05	代森锌	杀菌剂	0.5
噁草酸	除草剂	0.1*	敌磺钠	杀菌剂	0.1*
二甲戊灵	除草剂	0.2	啶酰菌胺	杀菌剂	1
砜嘧磺隆	除草剂	0.1	多抗霉素	杀菌剂	0.5*
氟吡甲禾灵和高效氟吡甲禾灵	除草剂	0.1*	噁唑菌酮	杀菌剂	0.5
精二甲吩草胺	除草剂	0.01	氟吡菌胺	杀菌剂	0.05*
喹禾灵和精喹禾灵	除草剂	0.05*	氟吡菌酰胺	杀菌剂	0.03*
灭草松	除草剂	0.1*	氟啶胺	杀菌剂	0.5
嗪草酮	除草剂	0.2	氟吗啉	杀菌剂	0.5*
噻草酮	除草剂	3*	氟醚菌酰胺	杀菌剂	0.1*
烯草酮	除草剂	0.5	氟噻唑吡乙酮	杀菌剂	0.1*
乙草胺	除草剂	0.1	氟酰胺	杀菌剂	0.05
异丙甲草胺和精异丙甲草胺	除草剂	0.05	氟唑环菌胺	杀菌剂	0.02*
异噁草酮	除草剂	0.02	氟唑菌酰胺	杀菌剂	0.02
阿维菌素	杀虫剂	0.01	福美双	杀菌剂	0.5

续表

农药名称	主要用途	最大残留限量/(毫克/千克)	农药名称	主要用途	最大残留限量/(毫克/千克)
保棉磷	杀虫剂	0.05	咯菌腈	杀菌剂	0.05
吡虫啉	杀虫剂	0.5	甲基立枯磷	杀菌剂	0.2
吡蚜酮	杀虫剂	0.02	甲基硫菌灵	杀菌剂	0.1
丙溴磷	杀虫剂	0.05	甲霜灵和精甲霜灵	杀菌剂	0.05
多杀霉素	杀虫剂	0.01*	克菌丹	杀菌剂	0.05
二嗪磷	杀虫剂	0.01	喹啉铜	杀菌剂	0.2
氟苯脲	杀虫剂	0.05	咪唑菌酮	杀菌剂	0.02
氟吡呋喃酮	杀虫剂	0.05*	嘧菌酯	杀菌剂	0.1
氟啶虫酰胺	杀虫剂	0.2	嘧霉胺	杀菌剂	0.05
氟氯氰菊酯和高效氟氯氰菊酯	杀虫剂	0.01	灭菌丹	杀菌剂	0.1
氟氰戊菊酯	杀虫剂	0.05	氰霜唑	杀菌剂	0.02
氟酰脲	杀虫剂	0.01	噻呋酰胺	杀菌剂	2
螺虫乙酯	杀虫剂	0.8*	噻菌灵	杀菌剂	15
氯氟氰菊酯和高效氯氟氰菊酯	杀虫剂	0.02	噻菌铜	杀菌剂	0.01*
氯菊酯	杀虫剂	0.05	噻霉酮	杀菌剂	0.05*
马拉硫磷	杀虫剂	0.5	三苯基氢氧化锡	杀菌剂	0.1*
氰氟虫腙	杀虫剂	0.02	双炔酰菌胺	杀菌剂	0.01*
氰戊菊酯和S-氰戊菊酯	杀虫剂	0.05	霜霉威和霜霉威盐酸盐	杀菌剂	0.3
噻虫啉	杀虫剂	0.02	霜脲氰	杀菌剂	0.5
噻虫嗪	杀虫剂	0.2	肟菌酯	杀菌剂	
杀线威	杀虫剂	0.1*	五氯硝基苯	杀菌剂	0.2
虱螨脲	杀虫剂	0.05	戊唑醇	杀菌剂	0.1
涕灭威	杀虫剂	0.1	烯酰吗啉	杀菌剂	0.05
溴氰虫酰胺	杀虫剂	0.05*	异菌脲	杀菌剂	0.5

续表

农药名称	主要用途	最大残留限量/(毫克/千克)	农药名称	主要用途	最大残留限量/(毫克/千克)
溴氰菊酯	杀虫剂	0.01	抑霉唑	杀菌剂	5
亚胺硫磷	杀虫剂	0.05	唑嘧菌胺	杀菌剂	0.05*
亚砜磷	杀虫剂	0.01*	四氯硝基苯	杀菌剂/植物生长调节剂	20
乙基多杀菌素	杀虫剂	0.01*	螺甲螨酯	杀螨剂	0.02*
茚虫威	杀虫剂	0.02	唑螨酯	杀螨剂	0.05
唑虫酰胺	杀虫剂	0.01	甲硫威	杀软体动物剂	0.05*
百菌清	杀菌剂	0.2	氟噻虫砜	杀线虫剂	0.8*
苯并烯氟菌唑	杀菌剂	0.02*	噻唑膦	杀线虫剂	0.1
苯氟磺胺	杀菌剂	0.1	复硝酚钠	植物生长调节剂	0.1*
丙环唑	杀菌剂	0.05			

五、鲜食玉米农药残留最大限量标准

农药名称	主要用途	最大残留限量/(毫克/千克)	农药名称	主要用途	最大残留限量/(毫克/千克)
2,4-滴二甲胺盐	除草剂	0.1	氯虫苯甲酰胺	杀虫剂	0.02
2,4-滴和2,4-滴钠盐	除草剂	0.1	氯氟氰菊酯和高效氯氟氰菊酯	杀虫剂	0.2
2,4-滴异辛酯	除草剂	0.1*	氯氰菊酯和高效氯氰菊酯	杀虫剂	0.5
2甲4氯二甲胺盐	除草剂	0.05	马拉硫磷	杀虫剂	0.5

续表

农药名称	主要用途	最大残留限量/(毫克/千克)	农药名称	主要用途	最大残留限量/(毫克/千克)
2甲4氯异辛酯	除草剂	0.05*	氰戊菊酯和S-氰戊菊酯	杀虫剂	0.2
氨唑草酮	除草剂	0.05*	噻虫嗪	杀虫剂	0.05
苯唑草酮	除草剂	0.05*	杀虫单	杀虫剂	0.5
苯唑氟草酮	除草剂	0.02	杀虫双	杀虫剂	0.5
草甘膦	除草剂	1	四氯虫酰胺	杀虫剂	0.05*
氟吡草酮	除草剂	0.03*	辛硫磷	杀虫剂	0.1
氟噻草胺	除草剂	0.05*	溴氰菊酯	杀虫剂	0.2
甲基碘磺隆钠盐	除草剂	0.05*	乙拌磷	杀虫剂	0.02
甲酰氨基嘧磺隆	除草剂	0.01*	乙基多杀菌素	杀虫剂	0.01*
扑草净	除草剂	0.02	百菌清	杀菌剂	5
嗪草酸甲酯	除草剂	0.05*	苯并烯氟菌唑	杀菌剂	0.01*
噻酮磺隆	除草剂	0.05*	吡唑醚菌酯	杀菌剂	0.05
双氟磺草胺	除草剂	0.02	丙森锌	杀菌剂	1
特丁津	除草剂	0.1	代森铵	杀菌剂	1
异噁唑草酮	除草剂	0.02*	代森锰锌	杀菌剂	1
莠灭净	除草剂	0.05	稻瘟灵	杀菌剂	0.05
阿维菌素	杀虫剂	0.02	啶氧菌酯	杀菌剂	0.01
吡虫啉	杀虫剂	0.05	氟唑菌酰胺	杀菌剂	0.05*
丙硫克百威	杀虫剂	0.02	腐霉利	杀菌剂	5
啶虫脒	杀虫剂	0.01	甲基硫菌灵	杀菌剂	0.5
氟吡呋喃酮	杀虫剂	0.05*	克菌丹	杀菌剂	0.05
氟虫腈	杀虫剂	0.1	氯氟醚菌唑	杀菌剂	0.03*
氟氯氰菊酯和高效氟氯氰菊酯	杀虫剂	0.05	五氯硝基苯	杀菌剂	0.1
氟氰戊菊酯	杀虫剂	0.2	种菌唑	杀菌剂	0.01*

续表

农药名称	主要用途	最大残留限量/(毫克/千克)	农药名称	主要用途	最大残留限量/(毫克/千克)
甲氨基阿维菌素苯甲酸盐	杀虫剂	0.05	四聚乙醛	杀螺剂	0.2
甲萘威	杀虫剂	0.02	螺甲螨酯	杀螨剂	0.02*
乐果	杀虫剂	0.5	双甲脒	杀螨剂	0.5
林丹	杀虫剂	0.01	甲哌鎓	植物生长调节剂	0.05*
硫双威	杀虫剂	0.05	萘乙酸和萘乙酸钠	植物生长调节剂	0.05
螺虫乙酯	杀虫剂	1.5*			

六、芋薯类蔬菜及鲜食玉米病虫绿色防控常用农药索引表

商标、含量及剂型	中文通用名	主要防治对象
阿克泰25%水分散粒剂	噻虫嗪	棉蚜、玉米蚜、烟粉虱
阿立卡22%微囊悬浮-悬浮剂	噻虫·高氯氟	短额负蝗、中华稻蝗、笨蝗
阿克白50%可湿性粉剂	烯酰吗啉	芋疫病、马铃薯晚疫病
阿米妙收325克/升悬浮剂	苯甲·嘧菌酯	芋炭疽病、马铃薯炭疽病、玉米炭疽病、玉米瘤黑粉病、玉米丝黑穗病
阿米西达250克/升悬浮剂	嘧菌酯	芋炭疽病、芋白粉病、马铃薯炭疽病、马铃薯早疫病、玉米炭疽病、玉米小斑病
艾法迪22%悬浮剂	氰氟虫腙	芋单线天蛾、芋双线天线、斜纹夜蛾、甜菜夜蛾、棉铃虫、黏虫
艾绿士60克/升悬浮剂	乙基多杀菌素	亚洲玉米螟
爱多收1.8%水剂	复硝酚钠	芋病毒病、马铃薯病毒病、马铃薯小叶病、玉米粗缩病
爱卡螨43%悬浮剂	联苯肼酯	朱砂叶螨

续　表

商标、含量及剂型	中文通用名	主要防治对象
百泰60%水分散粒剂	唑醚·代森联	芋污斑病、芋炭疽病、马铃薯炭疽病
倍内威10%可分散油悬浮剂	溴氰虫酰胺	芋单线天蛾、芋双线天线、斜纹夜蛾、甜菜夜蛾、甘薯麦蛾、甘薯天蛾、亚洲玉米螟、甘薯茎螟、大螟、大造桥虫、棉铃虫、黏虫、烟粉虱、棉蚜
碧翠16%水分散粒剂	二氰·吡唑酯	芋炭疽病、马铃薯炭疽病、玉米炭疽病、玉米瘤黑粉病、玉米丝黑穗病
除尽10%悬浮剂	虫螨腈	亚洲玉米螟、甘薯茎螟、大螟、甘薯麦蛾、甘薯天蛾、大造桥虫、棉铃虫
达文西60%水分散粒剂	氟吗啉·唑嘧菌胺	疫病、马铃薯晚疫病
度锐300克/升悬浮剂	氯虫·噻虫嗪	芋单线天蛾、芋双线天线、斜纹夜蛾、甜菜夜蛾、棉铃虫、短额负蝗、中华稻蝗、笨蝗
富多宝53%水分散粒剂	烯酰·代森联	马铃薯晚疫病
格力高100克/升悬浮剂	溴虫氟苯双酰胺	斜纹夜蛾、甜菜夜蛾、棉铃虫、黏虫
健达42.4%悬浮剂	唑醚·氟酰胺	芋炭疽病、芋白粉病、马铃薯早疫病、马铃薯炭疽病、玉米炭疽病、玉米南方锈病
健攻12%悬浮剂	苯甲·氟酰胺	芋白粉病、玉米南方锈病
金雷68%水分散粒剂	精甲霜·锰锌	芋污斑病、芋疫病、马铃薯晚疫病
金满枝20%悬浮剂	丁氟螨酯	朱砂叶螨
凯津38%水分散粒剂	唑醚·啶酰菌	芋白粉病
凯润250克/升乳油	吡唑醚菌酯	芋炭疽病、马铃薯炭疽病、玉米炭疽病、玉米小斑病
凯恩150克/升乳油	茚虫威	芋单线天蛾、芋双线天线、斜纹夜蛾、甜菜夜蛾、甘薯麦蛾、甘薯天蛾、亚洲玉米螟、甘薯茎螟、大螟、大造桥虫、棉铃虫、黏虫
凯特18.7%水分散粒剂	烯酰·吡唑酯	马铃薯晚疫病
科得拉0.4%颗粒剂	氯虫苯甲酰胺	甘薯小象甲

续表

商标、含量及剂型	中文通用名	主要防治对象
可杀得叁千46%水分散粒剂	氢氧化铜	马铃薯叶枯病
来福禄110克/升悬浮剂	乙螨唑	朱砂叶螨
雷通240克/升悬浮剂	甲氧虫酰肼	芋单线天蛾、芋双线天线、斜纹夜蛾、甜菜夜蛾、棉铃虫、黏虫
露娜森43%悬浮剂	氟菌·肟菌酯	马铃薯早疫病
隆施10%水分散粒剂	氟啶虫酰胺	烟粉虱、棉蚜、玉米蚜
美除50克/升乳油	虱螨脲	芋单线天蛾、斜纹夜蛾、甜菜夜蛾、甘薯麦蛾、甘薯天蛾、大造桥虫、棉铃虫、黏虫
螨即死95克/升乳油	喹螨醚	朱砂叶螨
螨危240克/升悬浮剂	螺螨酯	朱砂叶螨
拿敌稳75%水分散粒剂	肟菌·戊唑醇	芋炭疽病、马铃薯早疫病、马铃薯炭疽病
欧帕17%悬浮剂	唑醚·氟环唑	玉米小斑病、玉米南方锈病
品润70%水分散粒剂	代森联	芋炭疽病、芋污斑病、马铃薯叶枯病
普尊5%悬浮剂	氯虫苯甲酰胺	芋单线天蛾、芋双线天线、斜纹夜蛾、甜菜夜蛾、甘薯麦蛾、甘薯天蛾、亚洲玉米螟、大造桥虫、棉铃虫、黏虫
瑞凡23.4%悬浮剂	双炔酰菌胺	马铃薯晚疫病
世高10%水分散粒剂	苯醚甲环唑	芋白粉病
双美清18%悬浮剂	吲唑磺菌胺	马铃薯晚疫病
特福力22%悬浮剂	氟啶虫胺腈	烟粉虱、棉蚜、玉米蚜、长肩棘缘蝽
银法利687.5克/升悬浮剂	氟菌·霜霉威	芋疫病、马铃薯晚疫病
锐收果香400克/升悬浮剂	氯氟醚·吡唑酯	芋炭疽病、马铃薯早疫病、马铃薯炭疽病
锐收谷瑞240克/升乳油	氯氟醚·吡唑酯	玉米小斑病、玉米炭疽病

七、配制不同浓度药液所需农药换算表

农药稀释倍数	需配制药液量/升								
	1	2	3	4	5	10	20	30	40
50	20.00	40.00	60.00	80.00	100.00	200.00	400.00	600.00	800.00
100	10.00	20.00	30.00	40.00	50.00	100.00	200.00	300.00	400.00
200	5.00	10.00	15.00	20.00	25.00	50.00	100.00	150.00	200.00
300	3.40	6.70	10.00	13.40	16.70	34.00	67.00	100.00	134.00
400	2.50	5.00	7.50	10.00	12.50	25.00	50.00	75.00	100.00
500	2.00	4.00	6.00	8.00	10.00	20.00	40.00	60.00	80.00
1000	1.00	2.00	3.00	4.00	5.00	10.00	20.00	30.00	40.00
2000	0.50	1.00	1.50	2.00	2.50	5.00	10.00	15.00	20.00
3000	0.34	0.67	1.00	1.34	1.70	3.40	6.70	10.00	13.40
4000	0.25	0.50	0.75	1.00	1.25	2.50	5.00	7.50	10.00
5000	0.20	0.40	0.60	0.80	1.00	2.00	4.00	6.00	8.00

[例1] 某农药使用浓度为3000倍,使用的喷雾机容量为30升,配制1桶药液需加入的农药量为多少?

先在农药稀释倍数栏中查到3000倍,再在配制药液量目标值的表栏中查30升的对应值,两栏交叉点10.0克或毫升,即为查对换算所需加入的农药量。

[例2] 某农药使用浓度为1000倍,使用的喷雾机容量为12.5升,配制1桶药液需加入的农药量为多少?

先在农药稀释倍数栏中查到1000倍,再在配制药液量目标值的表栏中查10升、2升、1升的对应值,两栏交叉点分别为10.0、2.0、1.0,1升对应的表值为1.0,则0.5升为0.5,累计得12.5克或毫升,即为查对换算所需加入的农药量。

[例3] 某农药使用浓度为1500倍,使用的喷雾机容量为7.5升,配制1桶药液需加入的农药量为多少?

本例中所使用的农药浓度和喷雾剂容量都不是表中的标准数据,对于此类情况可以直接用下列公式计算:

所需的农药制剂数量(克或毫升)=
[配制药液的目标数量(千克或升)÷农药稀释倍数]×1000

本例所需加入的农药量为(7.5÷1500)×1000=5(克或毫升)。上述公式对例1和例2同样适用。

八、国内外农药标签和说明书上的常见符号

a.i.(active ingredient) 有效成分

ADI(acceptable daily intake) 每日允许摄入量

AS(aqueous solution) 水剂

CS(capsule suspension) 微囊悬浮剂

DC(dispersible concentrate) 可分散液剂

DP(dustable powder) 粉剂

EC(emulsifiable concentrate) 乳油

EW(emulsion, oil in water) 水乳剂

FU(smoke generator) 烟剂

GR(granule) 颗粒剂

KT_{50}(median knockdown time) 击倒中时间

LC_{50}(median lethal concertation) 致死中浓度

LD_{50}(median lethal dose) 致死中量

LT_{50}(median lethal time) 致死中时间

MAC[maximum(maximal)allowable concentration] 最大允许浓度

ME(micro-emulsion) 微乳剂

NPV(nuclear polyhedrosis virus) 核多角体病毒

RB(bait) 饵剂

SC(suspension concentrate) 悬浮剂

SG(water soluble granule) 可溶粒剂

ULV spray(ultra low volume spray) 超低容量喷雾

WG(water dispersible granule) 水分散粒剂

WP(wettable powder) 可湿性粉剂

WT(water dispersible tablet) 水分散片剂

主要参考文献

[1] 中国农业科学院植物保护研究所,中国植物保护学会.中国农作物病虫害[M].3版.北京:中国农业出版社,2014.

[2] 吕佩珂,李明远,吴距文,等.中国蔬菜病虫原色图谱[M].3版.北京:中国农业出版社,2002.

[3] 王晓鸣,王振营.中国玉米病虫草害图鉴[M].北京:中国农业出版社,2018.

[4] 郑永利,程家安,章强华.浙江省蔬菜主要病虫诊治咨询系统的初步研究[J].浙江农业学报,2004(4):186-191.

[5] 田耀加,赵守光,张晶,等.南方锈病在鲜食玉米上的发生动态及其发生程度与产量的相关性[J].中国蔬菜,2016(7):48-51.

[6] 罗文彬,李华伟,汤浩,等.马铃薯5种病毒多重PCR检测技术的建立及应用[J].园艺学报,2015(2):280-288.

[7] 沈肖玲,林钗,钱俊婷,等.甘薯茎腐病症状及其病原鉴定[J].植物病理学报,2018,48(1):25-34.

[8] WU QL, SHEN XJ, HE LM, et al. Windborne migration routes of newly-emerged fall armyworm from Qinling mountains-Huaihe river region[J]. Journal of Integrative Agriculture, 2021, 20(3): 694-706.

[9] ZHOU YM, XIE W, YE JQ, et al. New potential strains for controlling *Spodoptera frugiperda* in China: *Cordyceps cateniannulata* and *Metarhizium rileyi*[J]. Biocontrol, 2020, 65(6): 663-672.

[10] 郭井菲,静大鹏,太红坤,等.草地贪夜蛾形态特征及与3种玉米田危害特征和形态相近鳞翅目昆虫的比较[J].植物保护,2019,5(2):7-12.

[11] 冯行利,曹婷婷,杨凤丽,等.草地贪夜蛾雄蛾交配状态的判断[J].

植物保护,2022,48(3):159-164.

[12] 林丹敏,黄德超,邵屯,等.不同生育期玉米上草地贪夜蛾的发生为害规律[J].环境昆虫学报,2020,42(6):1291-1297.

[13] 鲁智慧,和淑琪,严乃胜,等.温度对草地贪夜蛾生长发育及繁殖的影响[J].植物保护,2019,45(5):27-31.

[14] WU HM, FENG HL, WANG GD, et al. Sublethal effects of three insecticides on development and reproduction of *Spodoptera frugiperda* (Lepidoptera: Noctuidae)[J]. Agronomy, 2022, 12: 1334.

[15] NEISON SC. Dasheen mosaic of edible and ornamental aroids[J]. Plant Disease, 2008, 8: 44.

[16] SEAL S, MULLER E. Molecular analysis of a full-length sequence of a new yam badnavirus from *Dioscorea sansibarensis*[J]. Archives of Virology, 2007, 152: 819-852.

[16] 施世明,王彦芬,王国平,等.侵染我国芋的杆状DNA病毒分子鉴定及特异性检测[J].植物病理学报,2013,43(6):590-595.

[17] 严理,李智敏,陈佳,等.不同玉米品种对瘤黑粉病抗性的初步鉴定[J].湖南农业大学学报(自然科学版),2017,43(1):42-46.

[18] 江幸福,张蕾,程云霞,等.我国粘虫发生危害新特点及趋势分析[J].应用昆虫学报,2014,51(6):1444-1449.

[20] 李石初,唐照磊,杜青,等.玉米纹枯病的防治药剂筛选试验研究[J].山东农业大学学报(自然科学版),2021,52(1):19-22.

[21] 王振营,王晓鸣.我国玉米病虫害发生现状、趋势与防控对策[J].植物保护,2019,45(1):1-11.